Hier wächst was!

RHS

Lucy Chamberlain

Hier wächst was!

Obst, Gemüse und Kräuter für jeden Standort

DK

Inhalt

Worum es in diesem Buch geht

Geben Sie den Pflanzen, was sie brauchen

So wie Sommerflieder Sonne mag und Buschwindröschen sich im Schatten wohlfühlen, so haben sich auch Obst und Gemüse evolutionär an bestimmte Bedingungen angepasst. Berücksichtigt man das beim Bepflanzen von Nutzgärten, bekommen wir zufriedene, robuste Nutzpflanzen, die uns mit hohen Erträgen belohnen – ganz ohne Frust.

Wenn wir das, was auf unseren Tisch kommt, selbst anbauen, dann handelt es sich in erster Linie um Obst und Gemüse, das uns schmeckt – schließlich hat es wenig Sinn, Zeit in etwas zu investieren, was wir nicht essen. Aber Nutzpflanzen, die wir mögen, müssen nicht unbedingt den Platz mögen, den wir ihnen im Garten zuweisen. Darf ich vorsichtig nachfragen, wie oft Sie sich darüber Gedanken gemacht haben? Hand aufs Herz: Die meisten legen einen Gemüsegarten dort an, wo Platz ist, oft weit weg vom Haus und erst nachdem Blumenbeete und die Flächen, die wir für uns selbst nutzen möchten, die Eins-a-Lagen bekommen haben. Die Folge ist Obst und Gemüse, das schmollt, weil es dorthin verbannt wurde, wo es sich nicht wohlfühlt. Deshalb ist es unerlässlich, unsere Haltung zum Anbau von Nutzpflanzen kritisch zu bewerten und vielleicht Feinabstimmungen vorzunehmen.

Ein neuer Blick auf Nutzpflanzen

Gartenbesitzer bekommen immer wieder gesagt, dass Clematis beschatteten Wurzelraum brauchen, Rhododendren saure Böden und Pelargonien viel Sonne. Vielleicht sollten wir zur Kenntnis nehmen, dass Nutzpflanzen ebenfalls Bedürfnisse haben. Wenn wir ihnen geben, was sie verlangen, gedeihen sie, sind widerstandsfähig und gesund und liefern hohe Erträge. Darum geht es bei ihnen schließlich.

Auch Obst und Gemüse hat Bedürfnisse

Obst und Gemüse haben sich wie Ziergewächse in ganz bestimmten Klimazonen entwickelt. Feigen etwa bevorzugen mediterrane Sonne, Rote Johannisbeeren die Waldränder Westeuropas und Sellerie die Sümpfe des Mittelmeerraums. Die Wilde Rübe, Vorfahrin von Roter Bete und Mangold, kommt auf den Sandböden an Europas Küsten vor, während Wasabi an den sumpfigen Flussufern Ostasiens wächst. Sie haben sich an ihre Umgebung optimal angepasst, was wir uns auch, die sie anbauen, zunutze machen können. Denn wer versteht, welche natürlichen Bedingungen Pflanzen bevorzugen, kann ihnen den für sie besten Platz zuweisen und wird mit hohen Erträgen belohnt. Kurzum: Nutzpflanzen lassen sich überall anbauen!

Wer die Bedürfnisse der einzelnen Arten und Sorten kennt, kann ihnen genau das bieten, was sie brauchen. Fleckchen mit kargen Böden etwa sind genau richtig für robuste Asketen, die nicht verwöhnt werden wollen. Feuchte Böden wiederum behagen eher durstigen Nutzpflanzen und fruchtbare Beete den hungrigen.

Mit der Natur arbeiten

Wenn Sie Ihre Pflanzen dort positionieren, wo sie sich wohlfühlen, bleiben sie gesünder und liefern höhere Erträge.

Geben Sie Nutzpflanzen, was sie brauchen. Mit dieser Forderung soll beileibe keine einseitige Vorteilnahme propagiert werden, denn wir Hobbygärtner profitieren davon enorm! Im Endeffekt haben wir weniger Arbeit, weil wir nicht so viel wässern und düngen müssen, sondern es der Natur überlassen können, uns Obst und Gemüse zu liefern. Die Vorteile sprechen für sich.

Ressourcen bewahren

Setzen Sie z. B. durstige Gewächse wie Knollenfenchel und Funkien nicht in trockene Böden, sonst haben Sie alle Hände voll zu tun, sie mit Wasser zu versorgen. Kümmern werden sie trotzdem, was nur zu Frust führt. Hinzu kommt, dass es sinnlose Wasserverschwendung wäre. Reservieren Sie trockene Areale lieber für trockenheitsverträgliche Arten. Davon gibt es viele, etwa Spargel, Gartenmelde, Meerkohl, Haferwurzel, Baumspinat und Limabohnen, um nur einige zu nennen. Was stark durchlässiges Erdreich und gute Luftzirkulation braucht, also Artischocke, Mönchsbart oder die Füllhorn-Fedie, sollte nicht an schattigen, feuchten Stellen, die besser für Knollensellerie oder Ampfer geeignet sind, vor sich hin faulen müssen.

Umwelt schützen

Reservieren Sie Nährstofflieferanten wie Stallmist oder Kunstdünger für hungrige Kürbisse, statt sie für Meerkohl oder Bocksbart zu verplempern, die tief wurzeln und sich auch auf kargen Böden erfolgreich durchschlagen. Unnütze Düngung belastet nicht nur den Geldbeutel, die überschüssigen Nährstoffe können ins Grundwasser gelangen und der Umwelt schaden.

Höhere Erträge erzielen

Wer mit der Natur statt gegen sie arbeitet, erntet mehr. Tomaten und Auberginen liefern im kühlen Schatten kaum Früchte, doch wenn sie vor einer sonnigen Süd- oder Westwand wachsen, dürfen Sie mit paradiesischer, wohlschmeckender Fülle rechnen. Spinat schosst in der Sommerhitze im Nu, belohnt Sie jedoch in einer kühlen, schattigen Rabatte mit reichlich saftigem Laub über einen langen Zeitraum hinweg.

Fazit? Bringen Sie Ihren Nutzpflanzen Verständnis entgegen, dann sind sie gesünder und bringen höhere Erträge. Von dieser Einstellung profitieren Pflanze und Mensch gleichermaßen.

Eine enorme Bandbreite

Ihr Garten umfasst viele verschiedene Mikroklimata. Für jedes gibt es eine passende Nutzpflanze, die dort genau die für sie optimalen Bedingungen findet. Ist das nicht großartig? Machen Sie sich diese Vielfalt zunutze. So wird das kulinarische Repertoire aus dem eigenen Garten reicher und spannender, denn Sie lernen Köstlichkeiten kennen, von denen Sie nicht einmal wussten, dass es sie gibt.

Schattige Wände, geschützte Sonnenfallen, trockene Beete unter Bäumen, ständig feuchte Winkel, windgebeutelte Durchgänge ... die meisten Gärten enthalten unterschiedliche »Zonen«. Und für jede gibt es Nutzpflanzen, die darin gedeihen. Von manchen wussten Sie vielleicht nicht einmal, dass es sie gibt, lernen Sie also in diesem Buch einige kennen, mit denen Sie womöglich lebenslang Freundschaft schließen.

Neue »Must-haves«

Begrüßen Sie bei sich den niedrigen Portulak und den Neuseeländer Spinat, die sich beide in trockenen, windigen, also eigentlich wenig vielversprechenden Beeten wohlfühlen. Oder probieren Sie es mit Straußenfarnen, dem Kaukasischen Rankspinat und dem Salomonssiegel, die nichts lieber tun, als nasskalte, dunkle Winkel hinter dem Schuppen zu besiedeln. Sobald Sie die einzelnen Zonen in Ihrem Garten identifiziert haben, werden Sie merken, dass Ihr Garten einer Vielzahl ungewöhnlicher und vor allem köstlicher Genüsse eine Heimat bietet – ich baue auf 10 x 10 m mehr als 150 unterschiedliche Nutzpflanzen an. Und noch etwas: Bezeichnen Sie nie wieder irgendeinen Fleck in Ihrem Garten als ungeeignet, denn es gibt mit Sicherheit ein Gewächs, das sich dort zumindest passabel schlägt und im besten Fall sogar prächtig gedeiht.

Ihr Ziel: Selbstversorger

Sobald Sie allmählich erfahren, was alles in Ihrem Garten gedeiht, werden Sie merken: Es geht gar nicht mehr darum, möglichst viel zu ernten. Wer eine größere Bandbreite von Nutzpflanzen anbaut, davon aber kleinere Mengen, beschickt seine Küche viel regelmäßiger mit Nachschub. Vorbei die spätsommerliche Frage, wohin mit den vielen Zucchini und Bohnen, stattdessen feiern Sie nun die erste Ernte von Mönchsbart, Malabarspinat und Japanischer Weinbeere. Freunde, Nachbarn und Verwandte werden aufatmen.

Von oben links im Uhrzeigersinn: Feijoa, Sanddorn, Perilla und Mangold garantieren leckere Vielfalt im Küchengarten. Sie alle haben bevorzugte Zonen, in denen sie besonders gut gedeihen.

Den Garten »lesen«

Obst und Gemüse selbst anbauen – wie geht man das an? Lernen Sie als Erstes die Mikroklimazonen in Ihrem Garten kennen. Diese schattige Ecke dort hinten eignet sich bestens für den Anbau von saftig-samtigem Spinat. Auf dem windumtosten Vorderbalkon dagegen gedeihen Mönchsbart und Portulak. Und auf dem Komposter, in dem Gartenabfälle landen, feiern Zucchini und Kürbisse ihr Dasein.

Die Mikroklimata des Gartens entdecken

Für jeden Topf den passenden Deckel

Jeder Haus-, Schreber- und Gemeinschaftsgarten und jeder Balkon hat Areale, die für bestimmte Nutzpflanzen wie geschaffen sind. Auf rechteckigen Grundstücken, groß oder klein, finden sich mitunter alle Mikroklimata, die man braucht – ob sonnig, schattig, nass oder trocken. Man muss sie nur nutzen. Sie sind im Prinzip Miniversionen traditioneller Küchengärten.

Kleine Räume wie Balkone, Terrassen oder Höfe eignen sich hervorragend als Mini-Anbauflächen. Begrünen Sie eine Wand mit Weinreben, sofern sie von der Sonne beschienen wird, oder mit Japanischen Weinbeeren und Roten Johannisbeeren, wenn sie im Halbschatten liegt. Schattenpflanzen wie Funkien oder Sonnenanbeter wie Tomatillos lassen sich gut in Gefäßen ziehen. Und welcher Salbei fühlt sich nicht auf einer sonnigen Fensterbank neben Thymian, Rosmarin und Oregano wohl?

Die Kartierung des Gartens

Es gibt keine zwei Gärten, die sich genau gleichen. In diesem Kapitel geht es daher um die Kartierung unterschiedlichster Areale. Damit haben Sie das Rüstzeug in der Hand, den eigenen Garten kennenzulernen. Indem Sie die Landschaft Ihres Grundstücks »lesen«, bekommen Sie einen ganz anderen Bezug dazu und gewinnen zugleich gärtnerisches Selbstvertrauen. Sie erfahren, wie Sie Nutzpflanzen auswählen, die in Ihrem Garten gedeihen. In Kapitel 4 schlage ich eine Vielzahl großartiger Gewächse für acht beispielhafte Mikroklimata beziehungsweise »Zonen« vor.

Bei der Kartierung Ihres Grundstücks geht es darum, ein Verständnis dafür zu bekommen, wo sich die sonnigen Süd- und Westlagen befinden. Diese Sonnenfallen eignen sich für den Anbau süßer Aprikosen, Feigen und Pfirsiche. Auch Chilis, Zitronengras und Tomaten freuen sich über solche von Natur aus warmen Mikroklimazonen – da kann man sich Gewächshäuser, Folientunnel oder Anzuchtkästen glatt sparen. Selbst schattigere Nord- und Ostlagen müssen Sie nicht länger als Brachland behandeln. Walderdbeeren, Rhabarber, Ampfer, Stachelbeeren, Winterkresse und Kerbel bringen Ihnen im Sommer größte Dankbarkeit entgegen, wenn sie solche kühlen Flecken zugewiesen bekommen.

Oben links: Tomaten mögen sonnige, geschützte Plätze. Oben, Mitte: Weintrauben genießen Sonnenbäder und stark durchlässige Böden. Oben rechts: Kürbisse legen in der Sonne mächtig zu, wenn sie zusätzlich viel Wasser bekommen. Rechts: Zwiebeln schlagen sich an kühlen Standorten wacker. Ganz rechts: Im Schatten setzt Mangold üppiges Laub an. Unten links: Schwarze Johannisbeeren genießen feuchten Schatten. Unten, Mitte: Bambus kommt auch mit trockenem Schatten zurecht. Unten rechts: Agaven brauchen es im Winter frostfrei.

Wer einen sonnigen Platz im Garten sein Eigen nennt, hat das große Los gezogen. Licht gehört zu den entscheidenden Faktoren bei der Fotosynthese, es zu haben, ist also ein Geschenk. Addiert man noch Luft und Wasser dazu, hat man das perfekte Trio, das üppige Erträge garantiert.

Sonne

Schnelles Wachstum und viel Süße

Rechts und unten: Obst wie Trauben und Pfirsiche reagiert auf viel Sonne mit dem Ansatz zuckerreicher Früchte. Unten und oben rechts: Tomaten und Butternut-Kürbisse kommen auf einen Zuckergehalt von bis zu 10 Prozent. Rechts, mittleres Bild: Dahlien bilden Knollen, die eingelagert weich werden.

Wie schnell eine Pflanze wächst, hängt zu einem Großteil von der Lichtintensität ab. Manche Arten kommen zwar mit wenig Licht aus, die meisten Nutzpflanzen aber – vor allem die, die blühen und fruchten – freuen sich über viel Sonne.

Maximaler Geschmack

Obst erreicht seinen höchsten Zuckergehalt, wenn es möglichst lange volle Sonne abbekommt; das wirkt sich auch unmittelbar auf den Geschmack aus. Erzieht man Pfirsiche, Aprikosen, Feigen und Nektarinen als Spaliere an einer sonnigen Wand, nehmen sie eine reiche, köstlich honigartige Süße an. Die meisten süßen Früchte haben einen Zuckergehalt von 8–10 Prozent, Tafeltrauben und Feigen erreichen bei ausreichender Sonneneinstrahlung sogar bis zu 16 Prozent.

Selbst süßes Gemüse wie Tomaten und Butternut-Kürbisse kommt auf 3–10 Prozent. Am besten schmecken auch sie, wenn man ihnen einen sonnigen Platz im Garten zuweist.

Mehr Süße nach der Ernte

Manche Früchte reifen nach dem Ernten weiter. Sie bilden das Pflanzenhormon Ethylen und werden dadurch weicher und süßer. Solche Früchte nennt man klimakterische Früchte. Dazu gehören zum Beispiel Aprikosen, Pfirsiche, Pflaumen, Äpfel und Birnen. Auch Tomaten kann man nachreifen lassen. Mit einem Brix-Refraktometer (siehe S. 214) habe ich einen Anstieg des Zuckergehalts von 8 auf 10 Prozent gemessen.

Auch in nicht klimakterischen Früchten wie Süßkartoffeln oder Winterkürbissen steigt der Zuckergehalt nach längerer Lagerung. Das liegt allerdings am Wasserverlust durch Verdunstung. Der Zuckergehalt im Zellsaft konzentriert sich dadurch. Andere Nutzpflanzen, etwa Mais und manche Erbsen, verlieren hingegen ihre Süße, sobald sie geerntet werden, da sich der Zucker in Stärke umwandelt. Deshalb sollte man sie möglichst rasch nach der Ernte einfrieren, um den Zuckergehalt zu bewahren.

Bessere Winterhärte

An einem warmen und nicht zu nassen Platz reift das Holz von Obstbäumen, Rutensträuchern, Kletterpflanzen und Büschen besser aus, was sie weniger frostanfällig macht. Es sterben dann nicht so viele Triebe ab; außerdem bilden sich mehr Fruchtknospen für das nächste Jahr. Auch Wurzelgemüse mit süßen Zwiebeln und Knollen (Süßkartoffeln, Yams und Yacón beispielsweise) profitiert von einem Platz in der vollen Sonne, da es mehr Zucker bzw. Stärke einlagert.

Wenn ich eines in diesem Buch vermitteln möchte, dann die Tatsache, dass Schatten nichts Schlechtes sein muss. Schattenliebende Nutzpflanzen lassen sich als »üppig«, »grün«, »saftig«, »weich« und »lecker« beschreiben. Es wird Zeit für eine Hommage an die stiefmütterlich behandelten dunkleren Winkel.

Schatten

Saftige Fülle und angenehme Kühle

Viele leckere Nutzpflanzen gedeihen im Schatten, etwa Knollensellerie (rechts), Walderdbeeren (rechts, Mitte unten), Bambussprossen (rechts, Mitte oben), Stachelbeeren (ganz rechts) und Rote Johannisbeeren (rechts unten). Auch Blattgemüse (unten) fühlt sich in Beeten im kühlen Schatten wohl, vor allem im Sommer.

Typische Schattenpflanzen sind Arten mit üppigem, großem Laub (links).

Manche Pflanzen verbrennen in voller Sonne oder werden ledrig. Nutzgewächse, die Schatten bevorzugen, sind in Wäldern, am Fuß von Hängen oder auf Talböden beheimatet, etwa Walderdbeeren, Straußenfarne oder Funkien. Nutzpflanzen für den Schatten haben oft große Blätter und ein dichtes Laubwerk, das möglichst viel Licht einsammelt. Schattige Winkel sind oft windgeschützt, sodass sich dort große Blätter bilden können.

Lichter Schatten, Halbschatten, Vollschatten?

An Gehölz- und Waldrändern herrscht lichter oder Streuschatten. Die Pflanzen bekommen darunter viel Licht ab, das aber leicht gefiltert wird. Ähnliche Bedingungen herrschen im Gebüsch. Halbschatten dominiert in Laubwäldern oder unter großen Kirschbäumen, die noch diffuses Licht mit

einigen Sonnenstrahlen durchlassen. Vollschatten ist typisch für Areale hinter Garagen oder in Schluchten – hier scheint nie die Sonne.

Schatten kann bei Hitzewellen ein Segen sein. Viele Nutzpflanzen muss man vor extremer oder lang anhaltender UV-Strahlung schützen, sofern ihr Laub nicht einen Selbstschutz in Form von Öl, Wachs oder Haaren entwickelt hat.

Kühl und feucht

Schatten hält Böden oft kühl und feucht – ideale Bedingungen für Nutzpflanzen wie Stauden- und Knollensellerie sowie Petersilie, die langsam zulegen und durstig sind. Clematis haben gern die Füße im Schatten und den Kopf in der Sonne – Himbeeren, Blauen Heckenkirschen, Loganbeeren, Brombeeren und Mashua geht es genauso.

Gerade herbe Früchte kommen mit Schatten zurecht. Heben Sie sich sonnige Rabatten für Zuckerbomben wie Feigen und Trauben auf – für lichtarme Flecken gibt es Rhabarber, Johannisbeeren und Stachelbeeren. Typische Schattenwesen sind Beeren aus skandinavischen Wäldern, also Preiselbeeren, Krähenbeeren und Heidelbeeren. Sie haben trockenen Schatten? Hier gedeihen Jostabeeren, Weinbeeren und Oregon-Stachelbeeren. Gleich dazustellen kann man Topfkräuter wie Knoblauchsrauke, Liebstöckel und Süßdolde.

Sonne und Schatten bestimmen

Sonne ist eine Grundvoraussetzung für die Fotosynthese. Ihre Energie macht optimales Wachstum und hohe Erträge erst möglich. Manchen Nutzpflanzen allerdings tut zu viel Hitze und Sonne nicht gut. Deshalb sollte man genau wissen, an welchen Stellen im Garten welche Lichtverhältnisse herrschen.

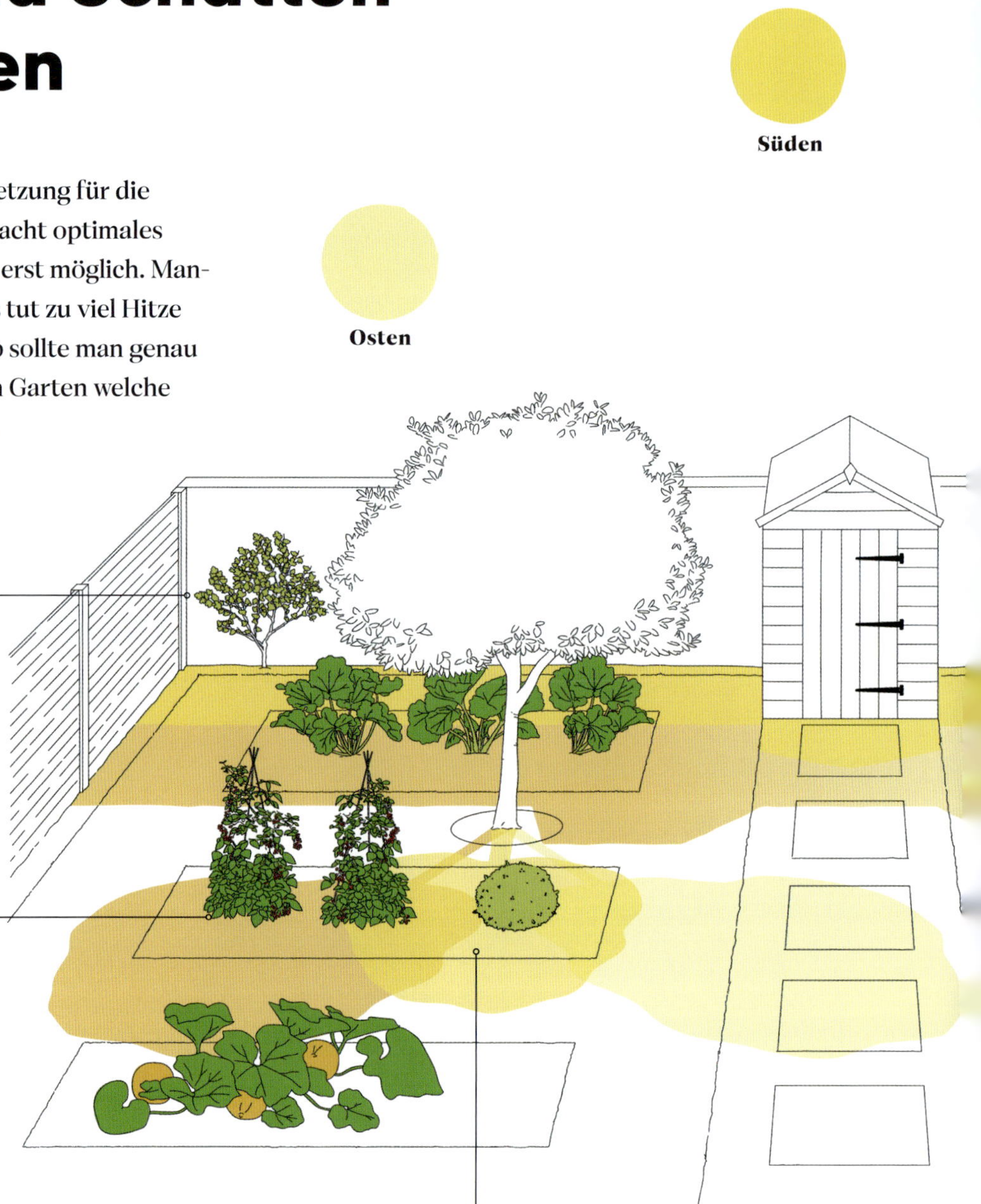

SÄUERLICHES OBST WIE JOHANNISBEEREN UND BROMBEEREN FÜHLT SICH IM SCHATTEN WOHL.

HALBSCHATTEN IST GUT FÜR PFLANZEN, DIE VIEL BODENFEUCHTIGKEIT BRAUCHEN, ETWA KLETTERBOHNEN.

AUFGEPASST: WIE SCHATTIG EIN BEREICH IST, HÄNGT AUCH VON DER JAHRESZEIT UND DEM SONNENSTAND AB. IM SOMMER SIND SCHATTEN WESENTLICH KÜRZER ALS IM WINTER.

Wenn Sie Ihren Garten nach Lichtverhältnissen kartieren, beginnen Sie mit dem Wesentlichen. Zuerst bestimmen Sie, wo Norden ist, wo die Sonne aufgeht (Osten) und wo sie untergeht (Westen). Nach Norden und Osten gerichtete Lagen sind überwiegend schattig, nach Süden und Westen ausgerichtete meist wesentlich sonniger. Halten Sie auch fest, welche Stellen zu den unterschiedlichen Tageszeiten in der Sonne und im Schatten liegen. Ganz einfach geht das mit Fotos. Tragen Sie auf Ihrem Grundriss ein, welche Bereiche immer im Schatten und welche in der vollen Sonne sind – das sind Ihre mikroklimatischen Extreme. Gemäßigtere Bedingungen herrschen im Streuschatten oder dort, wo nur zu bestimmten Tageszeiten die Sonne nicht scheint, etwa vor Laubbäumen, niedrigen Mauern und Hecken. Auch die Hangneigung spielt eine Rolle. Zur Sonne hin gekippte Grundstücke sind wärmer als ebene oder nach Norden zeigende.

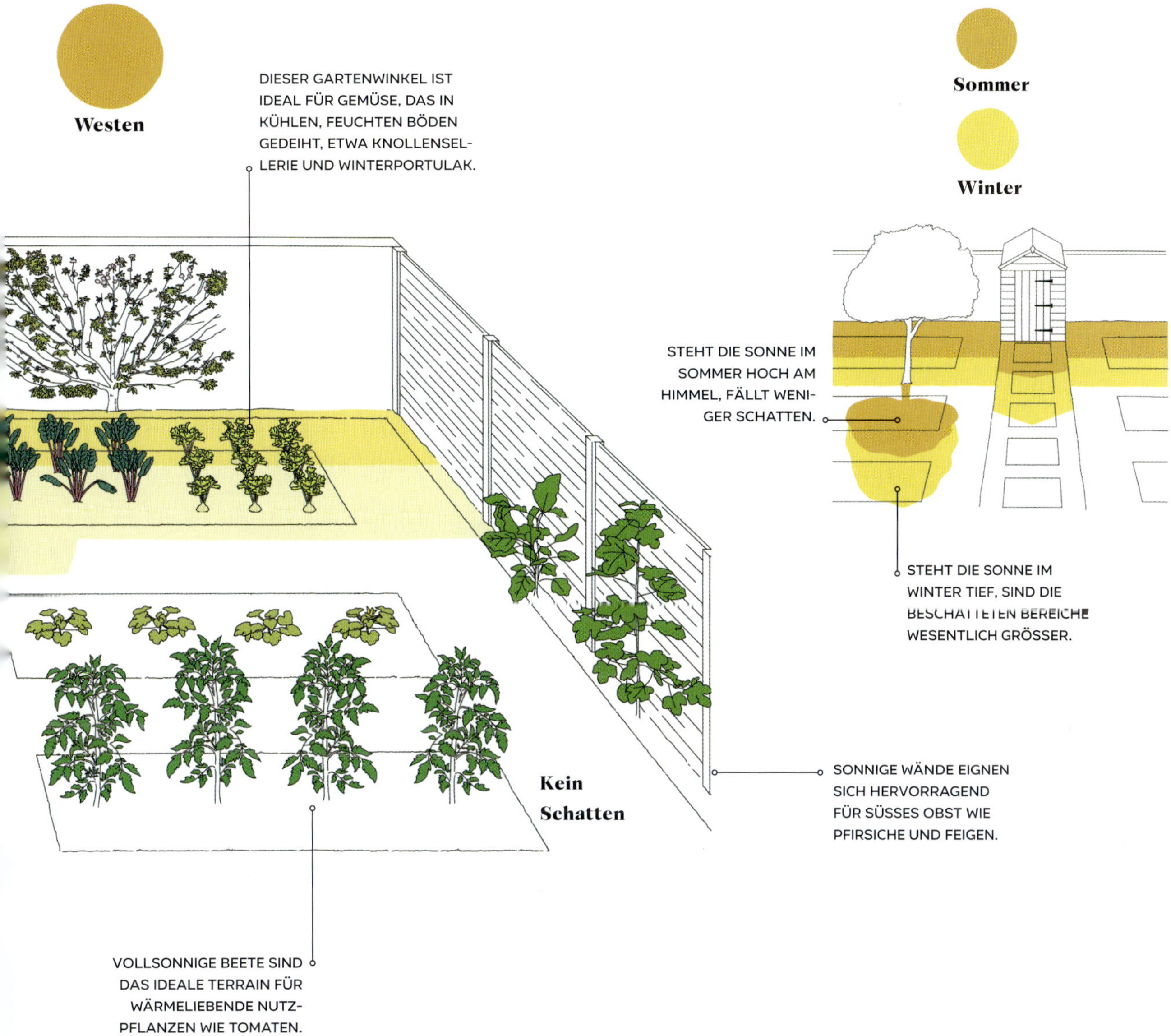

Feuchtigkeitsspeichernde Böden sind ideal für Pflanzen, die frischere Bedingungen mögen. Hier darf man mit schlaraffenlandartigen Erträgen rechnen.

Frisch

Stetes Wachstum und erstaunliche Erträge

Großes Gemüse wie Winterkürbisse (rechts) und Zucchini (ganz rechts) enthält 95 Prozent Wasser. Moltebeeren (unten) bevorzugen einen Standort im Halbschatten. Petersilie (unten rechts) wartet mit viel Laub auf.

Kaum zu glauben, aber manche Gemüsepflanzen bestehen zu 95 Prozent aus Wasser. Dazu zählen – wie könnte es anders sein? – Zucchini, Gurken und Kürbisse. Wenn sie genug Wärme bekommen, dürfen Sie bei diesen Kürbisgewächsen regelmäßig mit riesigen Erträgen rechnen. Kresse und Wasabi stammen von Fluss- und Seeufern, wo viel Wasser ihre Wurzeln verwöhnt. Diese Feuchtigkeit kann saisonal oder dauerhaft sein – man denke nur an die staunassen Bedingungen von Mooren und Sümpfen. Heidelbeeren, Cranberrys und Preiselbeeren sind auf feuchten Böden zu Hause. Mit anderen Worten: Feuchtgebiete haben viel Essbares hervorgebracht.

Üppig-saftiges Blattgemüse

Wenn viel Wasser verfügbar ist, tun sich Pflanzen nicht schwer, üppiges, saftiges Laub zu entwickeln. Blattsalate und Kräuter wie Mizuna, Mönchsbart, Petersilie und Frühlings-Barbarakraut bedanken

sich überschwänglich, wenn man sie in feuchte Erde pflanzt, und legen dort ordentlich zu (bei warmer Witterung sogar ziemlich schnell). Spinat und Rucola schossen nicht so schnell, wenn ihre Wurzeln nicht unter Trockenstress leiden.

Fruchtbare Feuchtgebiete

Früchte wie Cranberrys und Heidelbeeren eignen sich ausgezeichnet für tief liegende Areale mit dauerhaft feuchten Böden. Winterportulak, Kerbel, Knollenfenchel, Mitsuba und Daikon-Rettich gedeihen in feuchten – nicht staunassen – Böden prächtig. Man sollte aber grobe organische Substanz wie Rindenkompost ins Erdreich einarbeiten. Liegt Ihr Garten am Hang, muss am unteren Ende ein Sickerschacht angelegt werden, in dem sich überschüssiges Nass aus höher gelegenen Bereichen sammeln kann. Eine gute Drainage bieten Hochbeete. Die leicht erhöht wachsenden Wurzeln können die tiefer gelegenen Wasserreserven gut erreichen, bleiben dabei aber gut belüftet und deshalb gesund.

Alle Pflanzen brauchen Wasser, aber manche essbaren Gewächse überleben mit sehr wenig davon. Arten, deren Lebensraum Sanddünen, Buschland, Wüsten und Savannen sind, gedeihen bei geringen Niederschlägen und in stark durchlässiger Erde. Bei ihnen hat man kein Problem mit Fäule.

Trocken

Extreme Resilienz und zarte Erfolgstypen

DÜNNE NADELN

WÄCHSERNE HAUT

SUKKULENTE BLÄTTER

Viele Nutzpflanzen sind an trockene Bedingungen angepasst.

Trockenheitsverträgliche Pflanzen haben sich an Wassermangel angepasst – mit Blattdornen, Haaren und einer bereiften, öligen oder wächsernen Oberfläche, die vor Austrocknung schützt. Schmale Nadeln verlieren bei trockener Hitze weniger Wasser, während mit Wasser gefüllte, sukkulente Blätter und Wurzeln als Flüssigkeitsreservoir dienen. In trockenen Klimazonen sind Pflanzen hart im Nehmen; Wurzelfäule ist rar.

Resilienz durch Trockenheit

Durch den Klimawandel werden trockenheitsverträgliche Pflanzen für Gartenbesitzer vielleicht immer wichtiger. Das Jahr 2022 war in Europa von großer Trockenheit geprägt. Manche Nutzpflanzen kamen damit nicht zurecht, andere dagegen gediehen. Weintrauben, Feigen, Amarant, Baumspinat, Artischocken und Portulak haben sich in meinem Garten sehr wohlgefühlt.

Direkt ausgesätes einjähriges Gemüse kommt mit weniger Wasser aus als vorgezogenes und umgepflanztes.

Trockene Gärten eignen sich gut zum Überwintern von nicht komplett winterharten Nutzpflanzen wie Granatapfel, Feijoa und Japanischer Wollmispel oder solchen, die keine Staunässe vertragen, wozu etwa Erdbeeren und Dicke Bohnen gehören. Mehrjährige mit fleischigen Wurzeln bzw. Knollen wie Schwarzwurzeln und Topinambur überstehen den Winter in ausreichend durchlässiger Erde schadlos.

In stark drainiertem Erdreich und milden Regionen stecken Nutzpflanzen auch plötzliche Überschwemmungen weg. Viele Sukkulenten und Kakteen haben sich an Wassermangel dadurch angepasst, dass sie viel Wasser aufnehmen und speichern, wenn es einmal regnet.

Die Vorteile von Mulch

Laubstreu und Steine können als Mulch dienen. Mulch speichert Feuchtigkeit dort, wo sie benötigt wird – um die Wurzeln. Hat man trockene Böden, lohnt sich ein Vorrat aus organischer Substanz, etwa ein Kompost- oder Laubhaufen. Besonders Pflanzen mit ausgedehntem Wurzelwerk profitieren davon. Eine Mulchdecke aus Steinen oder Kies verhindert die Verdunstung von Bodenfeuchtigkeit. Die Schicht sollte mindestens 4 cm dick sein.

Von oben links im Uhrzeigersinn: Sommerportulak, Amarant, Spargel, Mönchsbart und Haferwurzel gedeihen in trockenen Böden.

Feuchte und trockene Bereiche

Ausreichende Feuchtigkeit ist unerlässlich für das Wachstum – das gilt vor allem für Nutzpflanzen. Dauerhaft nasse Böden machen den meisten Gewächsen den Garaus, doch manches Obst und Gemüse braucht feuchtes Terrain. Anderes wieder bevorzugt trockeneres Erdreich und bringt darin robusten und überraschend saftigen Wuchs hervor.

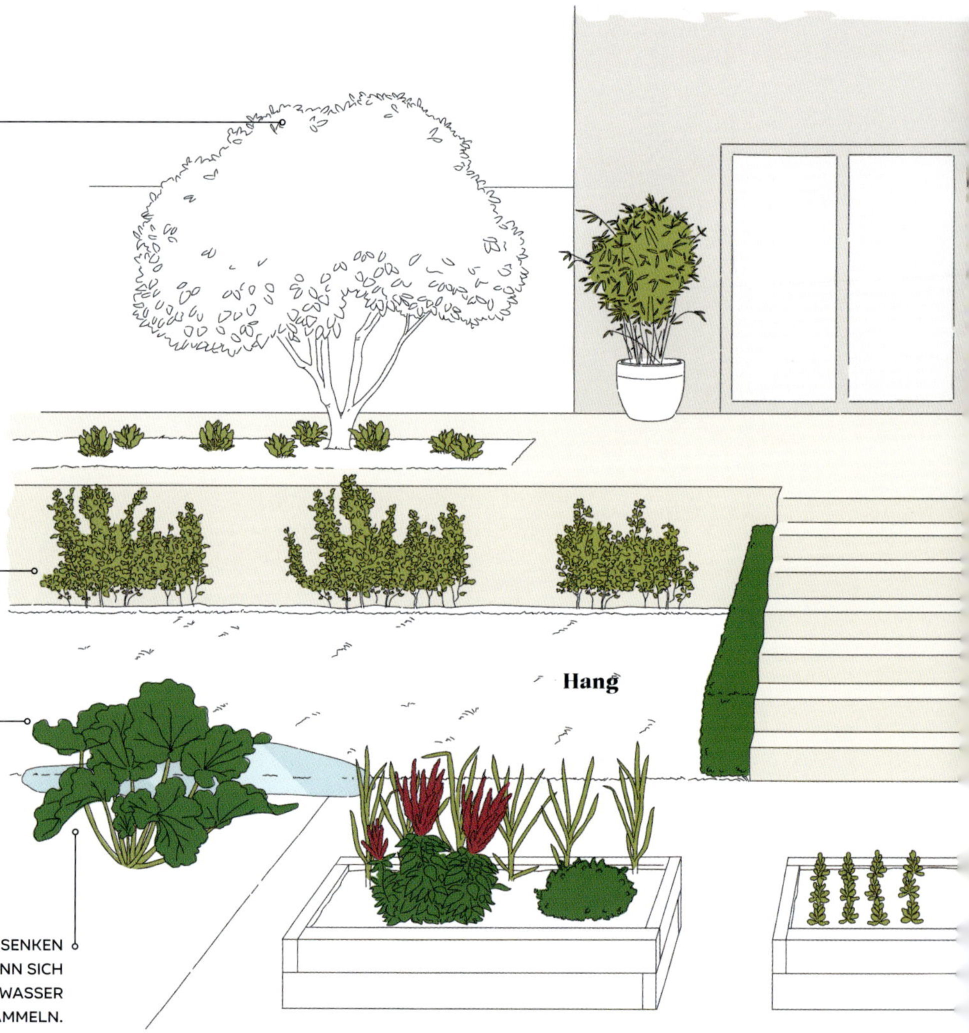

Der Wassergehalt im Boden kann konstant bleiben oder schwanken. Haben Sie auf Ihrem Grundstück eine Senke? Hier kann es dauerhaft feucht sein. Durch Graben eines 30 cm breiten und tiefen Lochs lässt sich feststellen, wo das Erdreich staunass ist. Höher gelegene Gärten wiederum haben einen guten Wasserabzug und entsprechend trockene Böden, sofern sie nicht durch unterirdische Quellen oder regelmäßige Niederschläge feucht gehalten werden. Bilden sich an manchen Stellen nach starkem Regen Pfützen? Markieren Sie diese Bereiche auf Ihrer Karte. Areale, die im Sommer der Sonne ausgesetzt sind oder an denen es sehr windig ist, sind eher etwas für trockenheitsverträgliche Nutzpflanzen. Auch in Hochbeeten ist es oft trocken. Große sommergrüne Bäume wie Eichen und Weiden entziehen dem Boden im Sommer viel, im Winter dagegen kaum Wasser. Immergrüne Gehölze wie Nadelbäume und Buchsbaum können Böden durch ihre flächig ausgebreiteten, durstigen Wurzeln dauerhaft austrocknen. Wie feucht oder trocken das Erdreich ist, hängt zudem auch stark vom Bodentyp (siehe S. 52) ab.

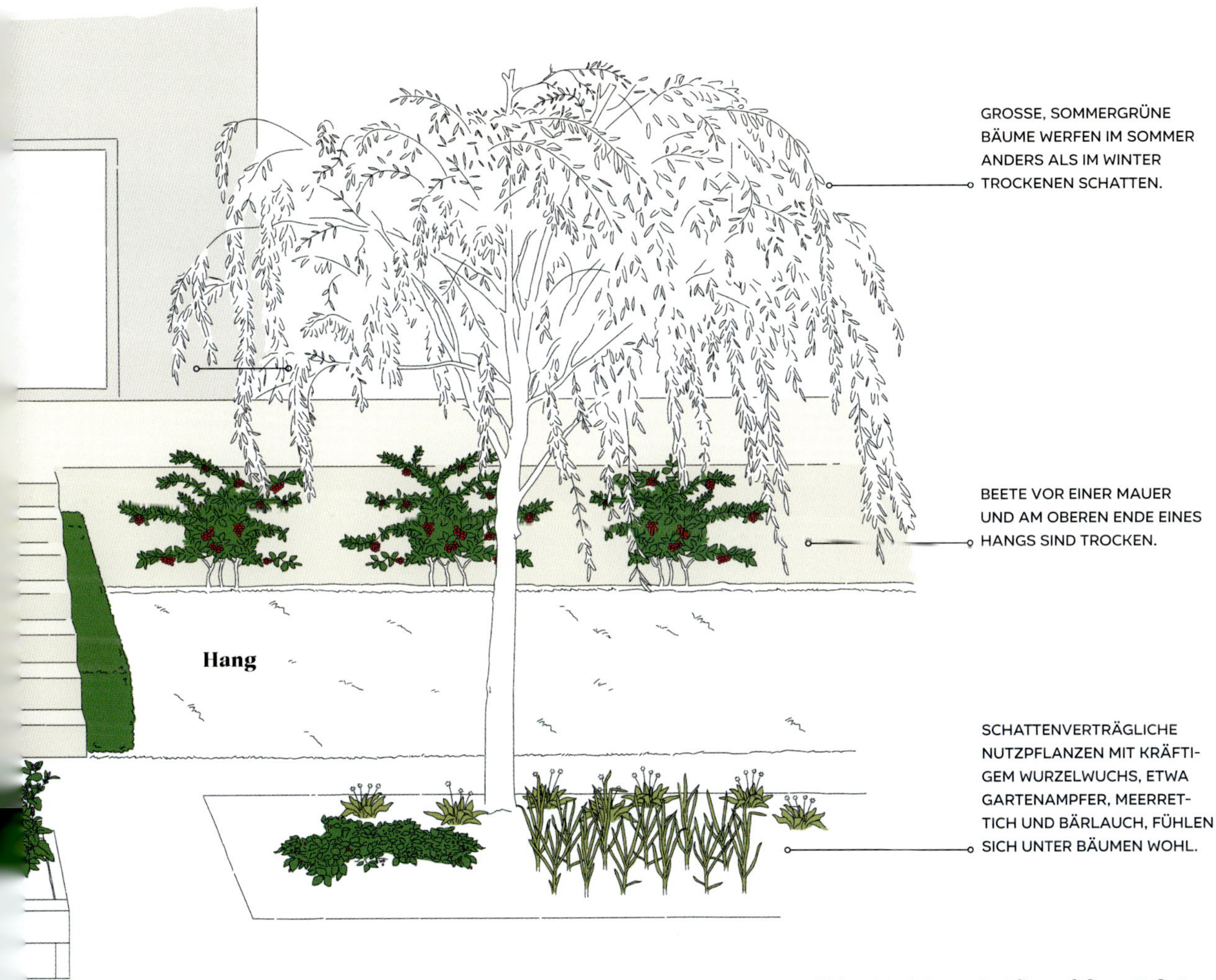

Haben Sie ein Beet oder Pflanzgefäße am Fuß einer Mauer, vor einem Gartengebäude oder an einem Zaun? Dort muss man mit »Regenschatten« und Trockenheit rechnen.

Kühle Winkel sind in heißen Sommern eine Wohltat. Glauben Sie bloß nicht, dass Temperaturen unterhalb Ihrer Wohlfühlgrenze auch für den Garten schlecht sind.

Kalt

Schöne Blüten und hervorragende Winterhärte

Nutzpflanzen aus kühleren Regionen gedeihen in Gärten mit gemäßigtem Klima bestens. Von ganz oben rechts im Uhrzeigersinn: Äpfel, Heidelbeeren, Grünkohl, Rote Bete und Porree sind eine vorzügliche Besetzung für exponierte Standorte.

Für Orte, an denen die Quecksilbersäule längere Zeit unter den Gefrierpunkt sinkt, ist die Auswahl mehrjähriger Nutzpflanzen naturgemäß beschränkt. Viele Nutzpflanzen aus gemäßigten, subarktischen oder sogar arktischen Zonen brauchen Kälte aber sogar, damit wichtige Prozesse in Gang kommen. Die Blüte vieler fruchttragender Gewächse – z. B. von Apfelbäumen – wird nur dann in Gang gesetzt und synchronisiert, wenn die Pflanzen ausreichender Kälte ausgesetzt waren. Man nennt dieses Phänomen »Vernalisation«.

Erfolg im Sommer

An kühlen Stellen im Garten leiden Pflanzen aus gemäßigten Klimazonen im Sommer nicht so unter Hitzestress. Schossen Spinat, Rucola, Kopfsalat und andere Blattsalate in den heißen Monaten, ist das frustrierend. Mit Schatten und den entsprechend niedrigeren Temperaturen tut man diesen Gewächsen etwas Gutes.

In strengen Wintern können wir herausfinden, welche Bereiche im Garten eher kühl sind. Schattige Zonen bleiben bei Minustemperaturen länger gefroren, da sie sich ohne direkte Sonneneinstrahlung nicht so schnell erwärmen. Daher lohnt

es sich, diese Bereiche mit Arten zu besetzen, die strenge Fröste am ehesten aushalten.

Winterharte Pflanzen wählen

In unseren gemäßigten Breiten behandeln wir Pflanzen aus tropischen Gefilden mit besonderer Vorsicht und bringen sie mit wärmenden Abdeckungen über den Winter. Viele gängige Nutzpflanzen sind jedoch außerordentlich winterhart. Wer sie anbaut, muss weniger Aufwand betreiben und ist eher vor Enttäuschungen gefeit. Winterharte Arten haben physiologische Reaktionen auf Kälte entwickelt, die durch herbstliche und später winterliche Bedingungen ausgelöst werden. (Wir bringen solche Reaktionen in abgeschwächter Form künstlich in Gang, wenn wir Pflanzen aus Gewächshäusern oder von drinnen »abhärten«, also auf das Leben draußen vorbereiten.) Lösliche Glukose und Fruktose sammeln sich in den Zellen, hemmen den Flüssigkeitstransport und erhöhen die Stabilität der Membranen – beides Mechanismen, mit denen sich die Zellen vor Erfrierungen schützen. Rosenkohl und Pastinaken schmecken nach Frost oft süßer – jetzt wissen Sie, warum.

Pflanzen Sie an kühlere Stellen Obst und Gemüse aus gemäßigten Klimazonen: Rhabarber, Himbeeren und Heidelbeeren stecken Kälte locker weg. Winterharte Kohlgewächse wie Grünkohl, Rosenkohl und Wirsing trotzen genau wie Dicke Bohnen, Rote Beten, Porree, Möhren und Pastinaken auch Minustemperaturen.

Ist es in einem Garten eher warm, erweitert das die Palette der Gewächse. Genüsse wie Äpfel, Spargel und Kirschen gibt es auch in unseren Breiten, aber vor einer Mauer, einem Zaun oder einem Gebäude an einem milden Fleckchen Erde kann man außerdem mit Kiwis, Feijoas und Kapstachelbeeren experimentieren.

Heiß

Robuste Sukkulenten und Exoten

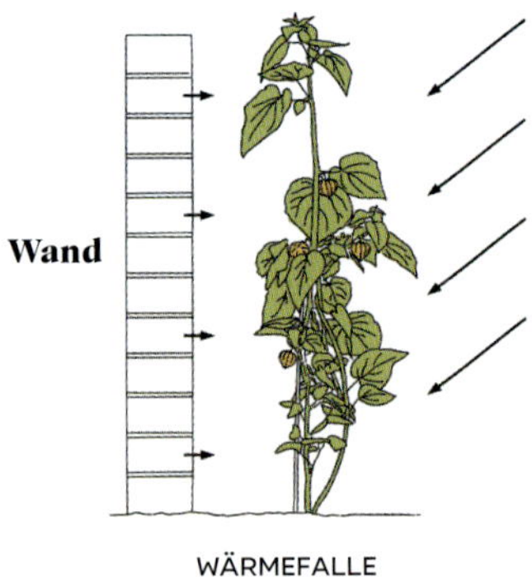

In Städten herrscht ein wärmeres Mikroklima. Davon profitieren auch exotische Nutzpflanzen.

Alle Pflanzen, ob winterhart oder nicht, haben einen für sie optimalen Temperaturbereich. Da sie nicht mobil sind, müssen sie sich zwangsläufig an die klimatischen Gegebenheiten anpassen. Das können wir uns zunutze machen. Bei den meisten gängigen Nutzpflanzen liegt der optimale Temperaturbereich zwischen 10 °C und 30 °C. Sie wachsen und tragen also in unserem gemäßigten Klima sehr gut. Falls die weltweiten Durchschnittstemperaturen aber bis 2080 um 2–4 °C steigen, wie prognostiziert wird, müssen wir auf wärmeliebendere Arten wie Mais, Sonnenblumen, Sojabohnen, Hartweizen und Sorghumhirsen umsteigen. Sie halten ohne Ertragseinbußen längere Zeit Temperaturen über 30 °C aus. Klingt futuristisch, aber wir kennen jetzt schon thermophile Pflanzen, die bis zu 60 °C wegstecken, etwa Agaven und Kakteen. In Mexiko gehören Produkte aus Mais, Opuntien und Agaven zu den Grundnahrungsmitteln.

Hohe Wachstumsraten

Bei höheren Temperaturen beschleunigt sich der Stoffwechsel von Pflanzen, was zu einem stärkeren Wachstum führt. Wärme ist also ein Turbo, was bedeutet, dass Gartenbesitzer an milden Standorten in den Genuss einer höheren Flächeneffizienz kommen. Die Böden erwärmen sich im Frühjahr schneller, wodurch früher geerntet werden kann. In nassem Klima erhöht zusätzliche Wärme die Luftfeuchtigkeit, was tropischen Nutzpflanzen wie Malabarspinat, Inkagurke und Chayote behagt.

Tropenpflanzen in Städten

Entscheidend für die Temperaturen ist die Lage des Gartens. An der Küste gibt es geringere Temperaturschwankungen als im Binnenland, da das Meer mäßigend wirkt. Immer mehr Menschen wohnen in Städten – in Deutschland waren es 2023 fast 80 Prozent. Dort steht zwar weniger Anbaufläche zur Verfügung, aber Stadtgärtner profitieren vom Wärmeinseleffekt, da die Sonnenwärme von baulichen Elementen gespeichert wird und die Luft aufheizt. So können die Temperaturen in Großstädten bis zu 10 °C über denen auf dem Land liegen, weshalb tropische und subtropische Gewächse dort gedeihen können.

Wärmeliebende Nutzpflanzen aus tropischen Klimazonen gedeihen mit viel Sonne und gutem Schutz prächtig. Eine entsprechend gute Ernte versprechen Malabarspinat (ganz links), Feigen (links), Chilis (unten links) und Auberginen (unten).

Kalte und warme Areale

Je nach Herkunft hat jede Nutzpflanze einen optimalen Temperaturbereich, in dem sie Bestergebnisse liefert. Ist es ihr zu heiß, können lebenswichtige Vorgänge wie die Fotosynthese oder Transpiration zum Erliegen kommen, ist es zu kalt, wird ihr Gewebe irreversibel geschädigt. In unserem gemäßigten Klima steht uns glücklicherweise viel Obst und Gemüse zur Verfügung, das Minustemperaturen aushält. Mit entsprechendem Aufwand können wir auch Exoten aus tropischen Regionen kultivieren.

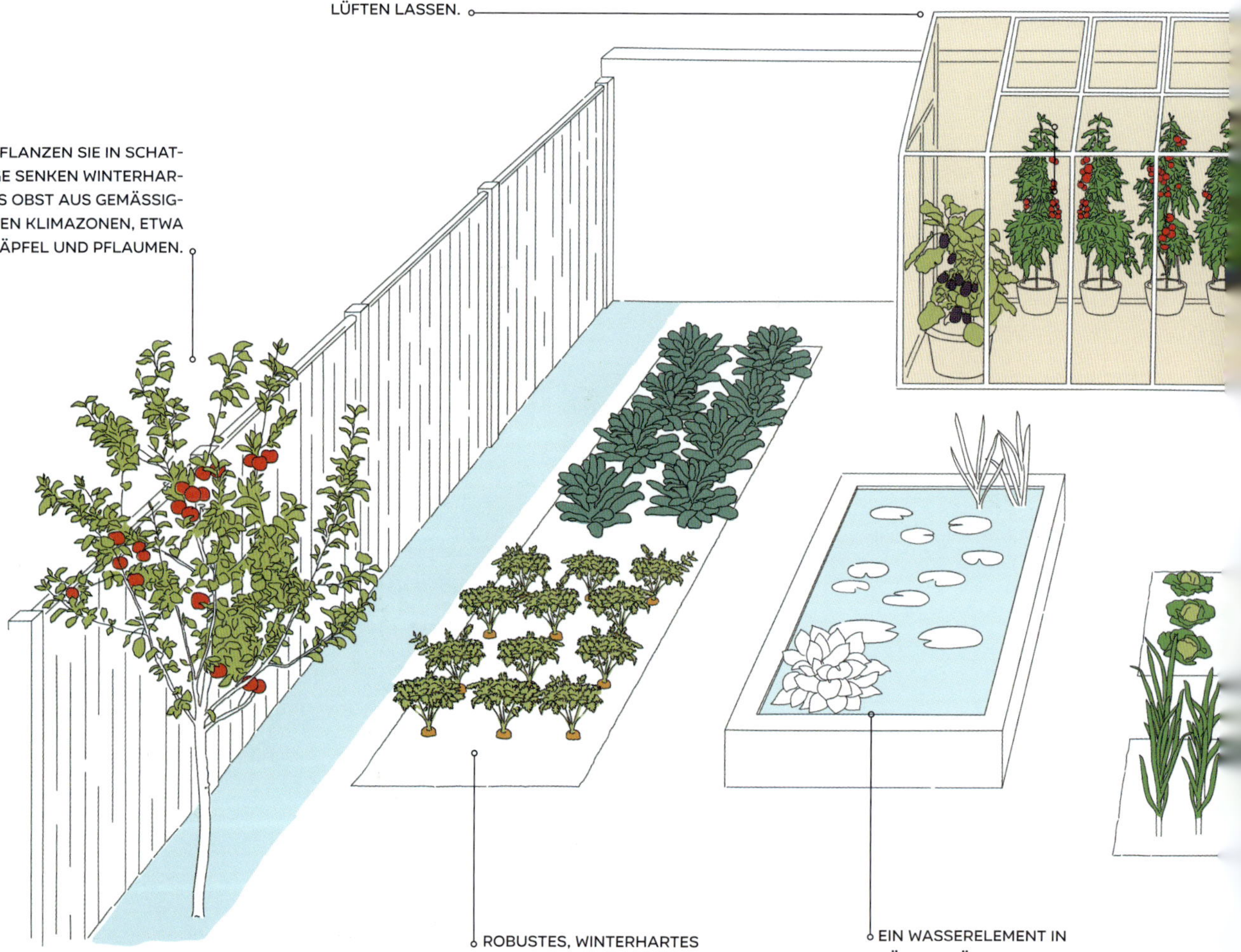

Wetterextreme, etwa längere Hitzewellen und Kälteperioden, werden immer häufiger. Da sie sporadisch auftreten, können sie uns auf dem falschen Fuß erwischen. Bleiben Sie auf der Hut und treffen Sie Vorkehrungen, um Ihre Pflanzen gut schützen zu können.

Wetterberichte und -apps warnen uns mindestens 24 Stunden im Voraus vor extremer Kälte und Hitze. Wir sollten die allgemeinen Auswirkungen von Hochdruckwetter, das stabile Bedingungen mit sich bringt, und Tiefdruckwetter, das wesentlich unbeständigere Witterung zur Folge hat, verstehen lernen. Für Gartenbesitzer ist es von unschätzbarem Wert zu wissen, wie Wetterfronten und Windrichtungen in ihrer Gegend interagieren. So gelangt etwa feuchtes Wetter aus dem Westen oft nicht bis in meine Gegend, der eher trockenen Grafschaft Essex in England, Regenbänder aus dem Norden oder Osten hingegen schon. Im Winter kommt oft noch ein eisiger Wind dazu. Wer die lokalen Wetterbedingungen gut kennt, kann das passende Obst und Gemüse für seinen Garten auswählen.

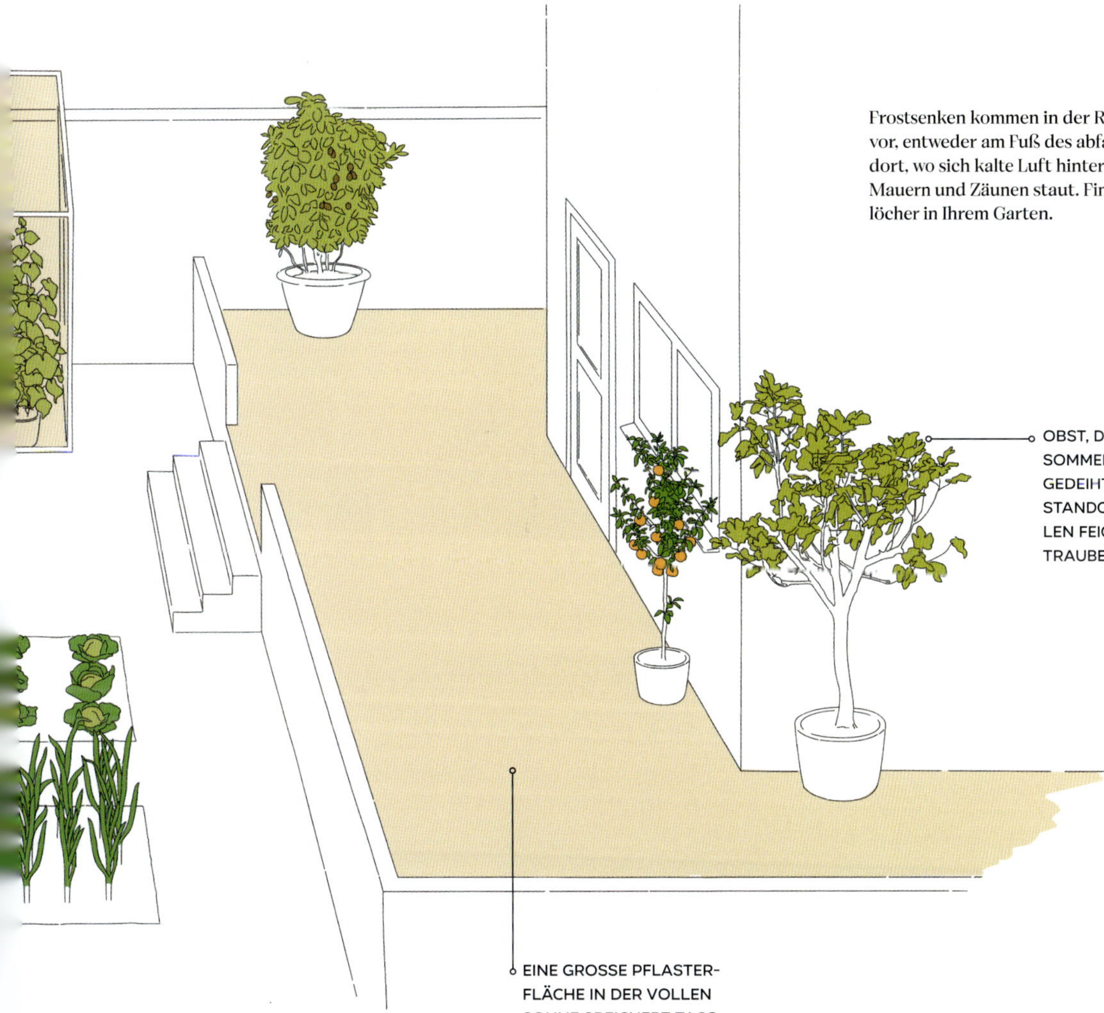

Frostsenken kommen in der Regel nur in Hanggärten vor, entweder am Fuß des abfallenden Grundstücks oder dort, wo sich kalte Luft hinter baulichen Elementen wie Mauern und Zäunen staut. Finden Sie solche Kaltluftlöcher in Ihrem Garten.

Ein belebender Spaziergang an einem windigen Tag gibt uns neue Energie. Aber wie geht es Pflanzen, die jeden Tag vom Wind gebeutelt werden? Wind bringt auch Vorteile mit sich, weshalb sich Gärten an Küsten oder in exponierten Höhenlagen hervorragend für den Anbau von Nutzpflanzen eignen.

Wind

Gesunde Erträge und kräftiges Wachstum

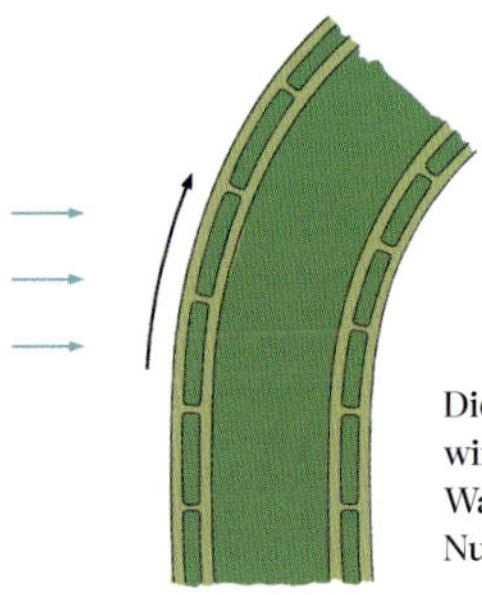

Die Hauptrichtung wirkt sich auf das Wachstum von Nutzpflanzen aus.

PFLANZEN PASSEN SICH AN WINDIGE STANDORTE AN.

Weniger Probleme

Exponierte Gärten sind ideal für robustes Gemüse wie Grünkohl, Porree und Dicke Bohnen, die es nicht gemütlich haben wollen. Verhätschelt man sie zu sehr, vergeilen sie und werden schwächlich, was sie anfällig für Schädlinge und Krankheiten macht. An windigen Standorten ist das anders.

Wind macht Pflanzen standfester, verankert sie stärker im Boden und verbessert den Luftaustausch. Pilze wie Grauschimmel oder Kraut- und Knollenfäule brauchen hohe Luftfeuchtigkeit und Windstille, während Blattläuse und Weiße Fliegen sich in warmer, geschützter Umgebung wohlfühlen. Wo ständig Wind weht, haben sie es schwer.

Anpassung und Vorteile

Manche Nutzpflanzen brauchen Wind sogar. Mais wird windbestäubt und setzt nur dann Kolben an, wenn Luftbewegungen Pollen aus männlichen Blüten lösen. Andere hohe Gewächse wie Topinambur dienen als Windschutz für empfindliche Nachbarn. Windige Stellen eignen sich gut zum Abhärten von Gemüsesetzlingen. Heidepflanzen wie Preiselbeeren, Haferwurzeln von der Küste und Meerkohl lassen sich gern vom Wind durchrütteln.

Manche Pflanzen haben sich sogar an Wind angepasst. Ledrige (Rosmarin), wächserne (Artischocken) und schmale (Zwiebeln und Schalotten) Blätter deuten auf gute Windresilienz hin. Viele

Viele Nutzpflanzen haben sich so angepasst, dass sie starkem Wind trotzen: Meerkohl (ganz links) und Artischocken (oben links) haben feste, ledrige Blätter, während Haferwurzeln (oben) und Salate (links) eine hügelartige Gestalt annehmen, um die der Wind herumstreicht.

winterharte Arten rüsten sich gegen Winterwetter, indem sie entweder einziehen oder – wie sommergrüne Gehölze – ihr Laub abwerfen. Kopfsalat, Mönchsbart, Thymian und Sommerportulak wachsen polsterförmig, sodass der Wind über sie hinwegstreicht.

Wo ist Windschutz sinnvoll?

In höher gelegenen Gärten ist es oft mehrere Grad kühler als in tieferen. Das bedeutet, dass die Anbausaison kürzer ausfällt und weniger Arten kultiviert werden können. In solchen Gärten kann ein Windschutzstreifen gute Dienste leisten, denn er bietet Schutz auf einer Fläche, deren Länge der fünffachen Höhe des Windschutzes entspricht. Solche durchlässigen Wälle sind undurchdringlichen Mauern und Zäunen, hinter denen auf der dem Wind abgewandten Seite Turbulenzen entstehen können, vorzuziehen.

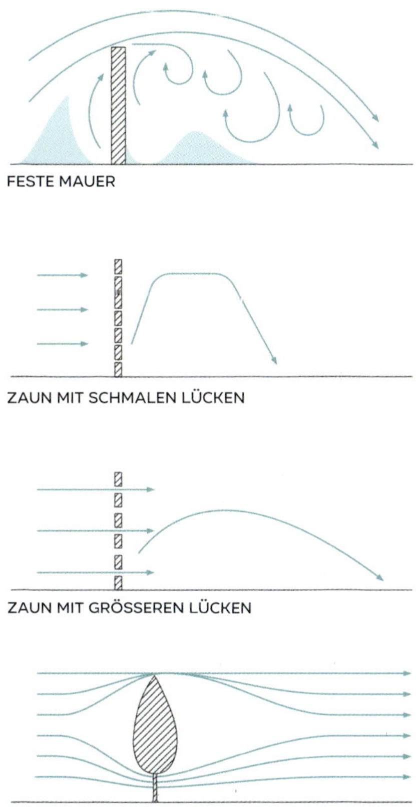

Solide Mauern bremsen den Wind zu sehr, sodass dahinter Turbulenzen entstehen. Besser sind Lattenzäune und Bäume, denn sie filtern den Wind, statt ihn zu verwirbeln.

Schutzeinrichtungen verhindern Extrembedingungen. Sie schwächen Hitze und Wind ab, sodass man üppiges, laubreiches Gemüse kultivieren kann, das ansonsten vertrocknen würde. Feuerbohnen werden nicht mehr gnadenlos zerrupft und Pflanzen in Töpfen bei hochsommerlichen Gewittern nicht mehr umgeworfen.

Schutz

Lange Saison und üppiges Laub

Rechts: Ein sonniger, geschützter Platz ist im Herbst ideal für Chilis. Unten: Bestäuber besuchen im Frühjahr gern Pfirsichblüten an geschützter Stelle. Unten, Mitte: Lorbeer ist nicht ganz winterhart, kann aber in warmen Winkeln den Winter überstehen. Ganz rechts: Tomatillos müssen im Winter nach drinnen.

Nicht winterharte Nutzpflanzen wie Granatapfel, Feijoa und Lorbeer bevorzugen geschütztes Klima. Auf neue Kartoffeln, zarten Frühlingskohl und Babymöhren sowie Speiserüben zum Frühjahrsanfang dürfen Sie sich freuen, wenn Sie sie in einem geschützten Mikroklima unter stabilen Abdeckungen heranziehen. Dann müssen Sie nach einem windigen Tag auch keine zerbrochenen Glasscheiben im Garten einsammeln (was schmerzt und ins Geld geht).

Wertvolle Wärme an kühlen Tagen

Durch Schutzabdeckungen lässt sich die Saison im Frühjahr und Herbst verlängern. Gemüse wie Chilis, Tomaten und Melonen, das viel Zeit braucht, kann darunter gut ausreifen. Im Herbst gesäte Dicke Bohnen überleben strenge Winter eher, wenn sie vor übermäßiger Nässe bewahrt werden. Im Frühjahr besuchen Bestäuber gern Blüten, die sich vor kaltem Wind geschützt öffnen, etwa den rosa Flor von Pfirsichen und Nektarinen.

Ist Ihr Garten warm und sonnig? Glückwunsch, dann müssen Sie sich nicht mit Frostsenken herumschlagen, in denen die Blüten von früh blühendem Obst erfrieren. Stattdessen kommen

Sie in den Genuss einer langen Saison, die gut für Köstlichkeiten wie Andenbeeren, Kiwis, Tomatillos und Melonen ist. Nutzen Sie die milden Bedingungen, um Kürbisse haltbar zu machen, Zwiebeln oder Knoblauch zu trocknen oder Chilis in Töpfen voll ausreifen zu lassen. Wenn die geschützten Stellen in Ihrem Garten auch noch beschattet sind, kann sich dort im Winter kühle Luft halten, wodurch hartnäckige Eislöcher entstehen. Aber nicht verzagen: Dorthin stecken Sie einfach völlig winterharte Nutzpflanzen oder solche, die spät in der Saison blühen.

Vorteile von Stadtgärten

Gärten in der Stadt sind geschützter als solche auf dem Land. Hier kann man Spalierobst ziehen – es liefert auf minimaler Fläche maximalen Ertrag. Sturmschäden sind vernachlässigbar, immergrüne Gewächse wie Erdbeerbäume und Lorbeer sicher vor Austrocknung.

Windige und geschützte Plätze

Wind kann Nutzpflanzen zwar zu Boden drücken, senkt aber zugleich das Risiko eines Krankheits- und Schädlingsbefalls und sorgt für einen stabilen Wuchs. Vorteile hat ein geschütztes Plätzchen allerdings dann, wenn man exotische Genüsse anbauen möchte, die es wärmer mögen. Solche lauschigen Winkel eignen sich auch hervorragend dazu, die Saison auszuweiten, sodass man im Frühjahr früher und im Herbst später ernten kann.

EINE GESCHÜTZTE, SONNIGE ECKE IST IDEAL FÜR SPÄTE FEUERBOHNEN UND RENEKLODEN.

SPARGEL, AMARANT, MÖNCHSBART UND SOMMERPORTULAK GEDEIHEN AUCH AN WARMEN, ABER WINDIGEN PLÄTZEN.

Hecken empfehlen sich als äußerst effektiver natürlicher Windschutz. Da sie halb durchlässig sind, filtern sie den Wind, bremsen ihn also, statt ihn völlig zu blockieren.

Wie kräftig der Wind weht, hängt zwar stark von der geografischen Lage ab, doch kann man trotzdem geschützte Winkel in Gärten finden. Stellen Sie die Hauptwindrichtung fest und finden Sie heraus, welche Areale in Ihrem Nutzgarten dem Wind zugewandt, also windig, und welche dem Wind abgewandt, also windgeschützt, sind. Dabei spielt auch die Jahreszeit eine Rolle, denn im Herbst ist häufiger mit Stürmen zu rechnen – in Küstennähe oft sogar täglich. Bauliche Elemente können Turbulenzen schaffen. Schmale Durchgänge sind oft zugig, während Mauern die Luft nach oben drücken, und dahinter fällt sie wieder herunter.

Windgeschützt sind oft Ecken, in die Luftströmungen nicht eindringen. Weitere geschützte Zonen kann man künstlich mit Zäunen und Mauern oder lebenden Pflanzenwällen anlegen. Umgekehrt lassen sich windstille Plätze durch Entfernen von Raumteilern oder Zurückschneiden von Pflanzen öffnen.

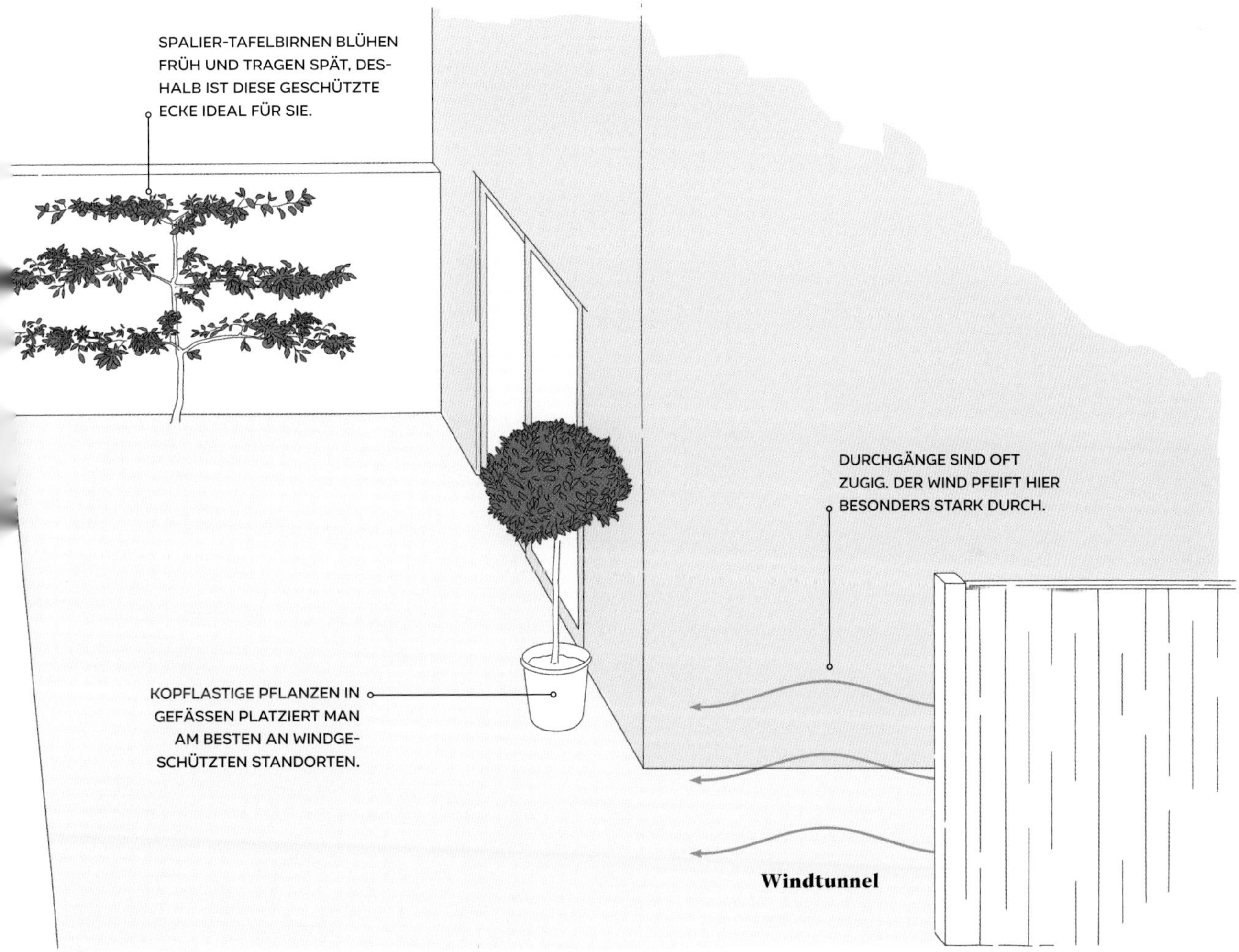

Windtunnel

Hobbygärtner nutzen meist einen festen Teil ihres Gartens für den Anbau von Obst, Gemüse und Kräutern. Diese Küchengärten können klein, aber trotzdem ausgesprochen ertragreich sein und sich für eine breite Palette von Nutzpflanzen eignen.

Fallstudie:
Ein separater Nutzgarten

1 Eine Windschneise in voller Sonne, verursacht durch einen engen Durchgang am Gartenende: Hierhin kommen robuste Pflanzen wie Äpfel, Porree, Heidelbeeren und winterharte Salate.

2 Eine schattige, feuchte Ecke vor einem Nordzaun: Hier gedeiht Obst, das sich mit wenig Licht begnügt, etwa Johannisbeeren, Walderdbeeren und Rhabarber, aber auch Blattgemüse wie Ampfer und Winterkresse.

3 Sonnige, feuchte Beete: Diese warmen, offenen Flächen bieten nicht winterharten, nährstoffhungrigen Pflanzen wie Kürbissen, Knollenfenchel, Shiso und Mais und einigen mehr ausgezeichnete Bedingungen.

4 Schmale Beete in der vollen Sonne: Sie geben trockenheitsverträglichsten Nutzpflanzen einen Lebensraum, etwa Artischocken, Mönchsbart, Amarant und Meerkohl. Der Zaun dahinter wird von Süßkirschen, Feigen und Pfirsichen besetzt.

5 Geschützte, sonnige Ecke: Sie ist ideal zum Vortreiben von Frühstartern. Babyspinat und Erdbeeren wachsen unter Abdeckungen. Im Herbst stellt man Töpfe mit Chilis und Auberginen hierher, damit sie ausreifen können.

Gegenüber: Dieser quadratische Nutzgarten umfasst sonnige Beete, schattigere Areale, geschützte Ecken und zugige Windschneisen.

Unten: Sonnige Winkel wie diese eignen sich hervorragend für den Anbau von Erdbeeren und Chilis. An der schattigen Wand (ganz unten) wachsen Rote Johannisbeeren und Knoblauchsrauke.

1
2
3
4
5

Große, von Zäunen oder Hecken gesäumte Gärten sind typisch für Einfamilienhäuser und Doppelhaushälften. Sie werden oft mehrfach genutzt und umfassen verschiedene Mikroklimata. Bauliche Elemente und Blumenbeete lassen sich leicht für den Anbau von Obst, Gemüse und Kräutern nutzen.

Fallstudie:

Gärten frei stehender Häuser

1 Geschützte Sitzecke: Hier herrschen Idealbedingungen für exotische Topfpflanzen wie Canna, Dahlien, Amarant und Süßkartoffeln. In den Schatten kommen Kästen mit Funkien und essbaren Farnen.

2 Terrasse: Sonnige Stellen kann man mit einem Arrangement aus Küchenkräutern in Töpfen besetzen, etwa Oregano, Salbei, Lorbeer und Basilikum. Im Schatten fühlen sich Blattsalate in Pflanzsäcken oder Beerenobst in Gefäßen wohl.

3 Waldrandähnlich: Die schattigen, kühleren Beete eignen sich exzellent für den Anbau von Spinat, Mangold, Funkien und Roten Johannisbeeren. Sogar eine Pilzzucht auf Holzstücken ließe sich hier einrichten.

4 Strauchrabatte: Zwischen die Sträucher lassen sich Obstgehölze pflanzen, etwa Berberitze, Blaue Heckenkirsche und Aronia. Als Bodendecker bieten sich Walderdbeeren an.

5 Gewächshaus und Hochbeete: Diese sonnigen Elemente können ertragreich und dekorativ zugleich sein. In ihnen findet traditionelles Gemüse einen Platz, etwa Buschbohnen, Möhren und Salate, aber auch Gewächshaustomaten, Paprika und Gurken.

Dieser von Zaunpaneelen eingefasste Garten enthält eine Terrasse für geselliges Beisammensein. Da die Fläche sonnige wie schattige Areale umfasst, kann man unterschiedlichste Obst- und Gemüsepflanzen darauf anbauen.

Ganz oben: Auf dieser sonnigen Terrasse lässt sich eine Palette mediterraner Kräuter in Töpfen ziehen.

Oben: Im Gewächshaus gedeihen wärmeliebende Nutzpflanzen wie Tomaten, Basilikum und Auberginen.

In Klein- und Großstädten stehen oft nur kleine, mit vielen Elementen vollgepackte Grundstücke zur Verfügung. Hier finden viele Nutzpflanzen das für sie ideale Mikroklima. Zugleich lassen sich in Töpfen und kleinen Beeten Unkräuter leichter jäten. Da solche Gärten oft wärmer sind, gedeihen dort auch nicht winterharte Köstlichkeiten.

Fallstudie:

Ein kompakter Garten

1 Sonnige, geschützte Terrassen und Wände: Sie sind ideale Standorte für große Pflanztröge, in denen Kletterpflanzen wie Weinreben, Kiwis und Feigen wachsen. Auch Stabtomaten können hier gut ausreifen.

2 Sonnige Pflasterflächen in der Nähe von Mauern: Hier lassen sich Ingwer, Dahlien, Zitronengras, Granatäpfel, Chilis, Auberginen und Indisches Blumenrohr in großen Töpfen kultivieren.

3 Paneelzaun im Schatten: Diese vertikale Fläche liefert reichlich Essbares, wenn man sie mit Roten Johannisbeeren, Japanischen Weinbeeren und Brombeeren begrünt.

4 Befestigte Fläche, nach Norden gerichtet: Dieser geschützte, aber schattige Bereich ist ideal für große Pflanzgefäße mit Rhabarber. Auch dekorative Pflanzungen aus Funkien und essbaren Farnen in Töpfen oder Fensterkästen mit Asia-Salaten sind hier genau richtig.

Rechts: Die Strauchrabatte im Halbschatten bietet sich für fruchttragende Sträucher wie Chilenische Guaven, Zwerghimbeeren, Kornelkirschen und Felsenbirnen an.

Ganz rechts: Dieses Gartenhäuschen hat Sonne und Schutz zu bieten. An ihm kann man Wein oder Kiwi hochranken lassen.

1
2
3
4

1 Offene Beete in voller Sonne: Ein Großteil dieses Gartens liegt exponiert. Da er an ein Feld angrenzt, weht ein relativ kräftiger Wind. Windverträgliches, winterhartes Gemüse wie Möhren, Zwiebeln und Porree fühlt sich hier wohl.

2 Kompost: Dank reichlich organischer Substanz, einem Wasseranschluss und viel Sonne fühlen sich hier Gewächse wohl, die viel Platz und Nährstoffe brauchen, etwa Halloween- und Butternut-Kürbisse oder Freilandgurken.

3 Große Wassertanks: Die sonnige Seite eignet sich bestens für wüchsige Weinreben, während die Tankwände zu den großen Bäumen und der Hecke hin im Schatten liegen und sich daher für die Erziehung von Loganbeeren, Stachelbeeren und Johannisbeeren anbieten.

4 Großer Baum: Er hat ein ausgreifendes Wurzelsystem und wirft im Sommer kühlenden Schatten. Schwarze Johannisbeeren, Oregon-Stachelbeeren und Holunder tun sich hier zu einem Mini-»Waldgarten« zusammen. Im Hochbeet wachsen Knoblauchsrauke, Süßdolde und Meerrettich.

Diese Gartenparzelle ist recht groß und exponiert. Der schon etwas ältere Baum wirft viel Schatten und konkurriert mit den Nutzpflanzen um Wasser.

Fallstudie:

Schrebergarten

Für viele ist ein Schrebergarten die leichteste und kostengünstigste Möglichkeit, an eine Anbaufläche zu kommen. Die Parzellen sind meist rechteckig und enthalten oft bereits bestehende Elemente wie Schuppen, Frühbeetkästen und Bäume, was sich auf die Wahl der Pflanzen auswirkt.

3
2

Die Bedeutung des Bodens

Wer Nutzpflanzen kultivert, muss den Boden verstehen

In fast allen Gärten herrscht ein ganz bestimmter Bodentyp vor. Das kann klebriger Ton, mit Feuerstein durchsetzte Kreide oder leichter Sand sein. Ihn zu verändern, hat wenig Sinn. Wer sein Erdreich mit Unmengen an Schwefel, Kalk oder Dünger traktiert, braucht nicht nur einen dicken Geldbeutel, er schadet auch der Umwelt.

Mein Küstengarten hat sehr sandigen Boden. Wer fünf Autominuten landeinwärts wohnt, hat es dagegen mit schwerem Ton zu tun. Im Lauf der Jahre habe ich herausgefunden, was in meinem Garten gedeiht, ohne dass ich groß etwas tun muss. Pfirsiche, Feigen, Spargel, Artischocken, Tomaten und Basilikum fühlen sich bei mir wohl. Wenn ich eine Rose haben möchte, entscheide ich mich für *Rosa pimpinellifolia,* die in freier Natur auf Dünen wächst. Will ich Sommersalate, säe ich Mönchsbart, Sommerportulak und Neuseeländer Spinat. Gleichzeitig mag ich Himbeeren. Sie brauchen kühle, feuchte Bedingungen. Ich pflanze sie in den Halbschatten, mulche sie im Frühjahr mit selbst angesetztem Kompost und halte den Boden und Wurzelraum kühl und feucht. Kostet nicht viel und macht wenig Arbeit.

Im Gegensatz zu Sonne, Schatten, Nässe und Trockenheit – Faktoren, die in jedem Garten variabel sind – ist der Boden in unseren Gärten homogen und sollte nicht groß verändert wer-

Der Boden in unseren Gärten ist im Lauf vieler Jahrtausende entstanden. Wir sollten stets Nutzpflanzen wählen, die mit dem jeweiligen Typ zurechtkommen.

den bzw. werden müssen. Indem wir verstehen, welche Eigenschaften er hat, können wir uns ganzheitlich darauf einstellen und Nutzpflanzen wählen, die in ihm hervorragend gedeihen, ohne dass groß eingegriffen werden muss. Auf diese Weise lässt sich eine große und vielfältige Palette an Obst und Gemüse anbauen.

Boden – was ist das?

Böden bilden sich im Lauf vieler Jahrtausende. Sie sind eine Mischung aus verwittertem Gestein und organischer Substanz. Ihre Zusammensetzung hängt davon ab, wo und wie sie auf unserem Planeten entstanden sind.

In Deutschlands Mittelgebirgen und höheren Lagen etwa findet man häufig Braunerde. Sie entsteht durch Verwitterung von Gesteinen wie Granit, ist nährstoffreich und eignet sich für gut für die Landwirtschaft. Das gilt auch für Lehmböden, die oft in mittleren Lagen anzutreffen sind. Wer in Flusstälern wohnt, darf sich über Alluvialböden freuen. Sie sind Ablagerungen von Sedimenten, sehr fruchtbar und daher ideal für den Anbau von Getreide und Gemüse. Sandböden kommen eher im Norden nahe der Küste vor. Ihre Stärke ist die hervorragende Durchlässigkeit, dafür sind sie relativ nährstoffarm. Kalkböden sind typisch für Weinbaugebiete und den Jura. Auf ihnen gedeihen Reben, aber auch Obstbäume.

Klingt kompliziert, doch sollte man sich davon nicht beirren lassen. Nutzpflanzen haben sich im Lauf der Jahrtausende an bestimmte Böden wie diese angepasst, sodass man für jeden die passende Pflanze findet.

Welchen Boden habe ich?

Gartenneulinge verzweifeln mitunter an dieser Frage, aber mit etwas Recherche lässt sich die Antwort unschwer herausfinden. Fragen Sie erfahrene Gärtner in Ihrer Nähe – sie geben in der Regel gern Auskunft. Halten Sie auch Ausschau nach »Zeigerpflanzen«. Rhododendren mögen saure Böden, Lavendel gedeiht auf Kalk, Brennnesseln bevorzugen nährstoffreiche Erde und Klee gedeiht in stickstoffarmem Erdreich. Wirkt der Boden grob, ist er sandig. Fühlt er sich klebrig an, dürfte es sich um Ton handeln. Graben Sie ein »Profilloch«, das mindestens 50 cm breit und 1 m tief ist. Es gibt Auskunft über die Dicke von Ober- und Unterbodenschicht und die ungefähren Anteile von Ton und Sand. Füllt sich das Loch mit Wasser, haben Sie womöglich einen staunassen Untergrund.

Substrate

Vielleicht haben Sie Oberböden für Ihre Hochbeete oder den Garten gekauft. Hochwertige Ausführungen enthalten weder Steine noch Unkrautsamen, sind nicht zu kalkig, sandig, torfig oder tonig und wurden auf Nährstoffe sowie ihren pH-Wert geprüft. Auf Balkonen, Terrassen oder in Höfen arbeitet man gern mit Pflanzgefäßen. Wählen Sie die passende Topferde für Ihre Nutzpflanzen aus.

Interaktion von Boden und Pflanze

Die Bodencharakteristiken spielen auch in den Anbauzonen eine wichtige Rolle. So hat eine Nutzpflanze an exponierten Standorten vielleicht Mühe, auf flachgründigem Torf oder in Sandböden festen Halt zu finden, bildet auf tiefgründiger, lehmiger Erde aber ein umfangreiches, für Stabilität sorgendes Wurzelsystem. Zum Glück stimmen Bodentypen oft mit Zonentypen überein: Torfböden sind oft nass, Sand- und Kalkböden dagegen überwiegend trocken. Damit wir uns diese Interaktion zunutze machen können, müssen wir ein paar Faktoren verstehen.

Bodentextur und -struktur
Besteht Ihr Boden überwiegend aus Ton, Sand, Lehm, Kalk oder Torf? Die folgende Tabelle veranschaulicht, wie die Textur die Wahl der Pflanzen beeinflusst.

BODENTEXTUR
TON
SAND
LEHM
KALK
TORF

EIGENSCHAFTEN	IDEAL FÜR	TIPPS
Erwärmt sich im Frühjahr langsam. Schlechter Wasserabzug. In nassen Wintern staunass, in trockenen Sommern hart. Nährstoffreich.	Hungrige Kohlgewächse und Kürbisse.	Nicht ideal zum Vortreiben früher Kulturen unter geschützten Bedingungen oder für Gemüse mit fleischigen Wurzeln/Mehrjährige an der Grenze zur Winterhärte, da feucht. Schwer umzugraben.
Erwärmt sich im Frühjahr rasch. Sehr gute Durchlässigkeit, speichert Feuchtigkeit schlecht. Nährstoffarm.	Gedrungene maritime Gewächse, wie Mönchsbart und Meerkohl.	Perfekt für abgedeckte Beete oder frühe Nutzpflanzen, erfolgreiches Überwintern nicht ganz winterharter Arten in kühlen Gegenden. Gut umzugraben.
Relativ fruchtbar, nach Regen manchmal etwas klebrig.	Nutzpflanzen, die Direktaussaat bevorzugen (Speiserüben, Möhren, Pastinaken), oder solche, die langsam wachsen und gleichbleibend Feuchtigkeit und Nährstoffe brauchen (Knollenfenchel und Rote Bete).	Nicht zu extrem, daher gute Gartenerde. Leicht umzugraben.
Wenig Oberboden, sehr alkalisch (zum pH-Wert siehe S. 57). Guter Wasserabzug.	Nischenprodukte wie Holzäpfel, Maulbeeren, Mangold und Grünkohl.	Gut zum Überwintern nicht ganz winterharter Mehrjähriger. Manchmal klumpig beim Umgraben, vor allem mit Feuersteinanteilen.
Speichert Feuchtigkeit gut. Neigt zu Staunässe, doch läuft das Wasser auch leicht wieder ab. Potenziell flachgründig und steinig, sehr sauer (zum pH-Wert siehe S. 57).	Obst, das saure Böden bevorzugt (Moorbeetpflanzen), etwa Heidelbeeren, Cranberrys und Preiselbeeren.	Bei gutem Wasserabzug leicht umzugraben.

Wer Nutzpflanzen auswählt, die zum Bodentyp passen, fördert ein gesundes Wurzelwachstum und erzielt damit höhere Erträge.

Erhalt der Bodenstruktur

Die Bewahrung einer guten Bodenstruktur ist wichtig, denn Verdichtung und Staunässe können Schäden verursachen und die Palette der Nutzpflanzen stark einschränken. Gefrorene und nasse Erde sollte weder betreten noch bearbeitet werden, da sie sonst verdichtet und Wurzeln sie nur noch schwer durchdringen. Dauerhaft staunasse Böden werden am besten mit Sickergruben (die im Wesentlichen Kiesgruben sind) oder – bei größeren Flächen – Entwässerungsgräben trocken gelegt. Vorübergehende Staunässe lässt sich durch Einarbeiten organischer Substanz wie Gartenkompost verringern.

Fruchtbarkeit und Nährstoffe

In der Natur befinden sich wichtige Pflanzennährstoffe wie Stickstoff, Phosphor und Kalium in einem ständigen Kreislauf zwischen Pflanzen und dem Boden. Beim Ernten wird dieser Kreislauf unterbrochen und der Boden seiner Nährstoffe beraubt. Um weiter ordentliche Erträge zu erzielen, müssen sie nachgefüllt werden. Erschwerend kommt hinzu, dass in den Beeten meistens Monokultur vorherrscht.

Die Bodentextur spielt eine wichtige Rolle bei der Verfügbarkeit von Nährstoffen. Sandböden etwa speichern Nährstoffe nicht so gut wie Tonböden. Trockenes Erdreich enthält wenig freies Bodenwasser, das die meisten pflanzenverfügbarenNährstoffe enthält, in leichten Sandböden werden sie schnell ausgewaschen. Dem lässt sich in beiden Fällen durch Einarbeiten von organischer Substanz wie Kompost oder gut verrottetem Dung entgegenwirken.

Bodenleben

Wenn Böden entstehen, werden sie wertvolle Lebensräume. Gesundes, lebendiges Erdreich bringt gesunde, robuste Pflanzen hervor. Größere Bodenbewohner wie Maulwürfe, Regenwürmer, Tausendfüßer und Ameisen kennt jeder, aber mindestens so wichtig sind mikroskopisch kleine Springschwänze, Nematoden, Milben, Bakterien, Pilze und Algen. Sie bauen organische Substanz ab und setzen damit wertvolle Nährstoffe frei.

Besser gedeihen solche Organismen in gut durchlüfteten Böden, während sie in extrem trockener oder nasser Erde kaum überleben können. Ein extremer pH-Wert beeinträchtigt das Bodenleben ebenfalls. Zum Glück kann man viel mit Gartenkompost ausgleichen.

Boden-pH

Der pH-Wert gibt an, wie sauer oder alkalisch der Boden ist. Wie der Wassergehalt und die Lage beeinflusst er die Wahl der Nutzpflanzen.

Der pH-Wert wird auf einer Skala zwischen 1 und 14 angegeben. Ein Wert von 7 ist neutral, alles darunter sauer, alles darüber alkalisch. Sandböden verlieren mit der Zeit Kalzium und werden allmählich saurer. Torfböden sind ebenfalls oft sauer. Kalkböden dagegen werden kontinuierlich mit Kalzium versorgt, bleiben also alkalisch. Der Boden-pH wirkt sich auf die Verfügbarkeit von Nährstoffen aus. Ein Extremwert kann die Aufnahme von Stickstoff, Magnesium und Eisen blockieren. Dennoch gibt es Pflanzen, die in stark sauren oder alkalischen Böden gedeihen, etwa Heidelbeeren in saurem Erdreich. Wer sie pflanzt, muss den pH-Wert nicht justieren. Manche Krankheiten werden durch einen bestimmten pH-Wert begünstigt. Kartoffelschorf etwa kommt in alkalischen Böden häufiger vor, die Kohlhernie eher in saurer Erde.

Wer die Auswirkungen der Bodeneigenschaften auf die Pflanzen versteht, Eingriffe auf ein Minimum beschränkt und passende Arten auswählt, erzielt in jedem Garten optimale Erträge.

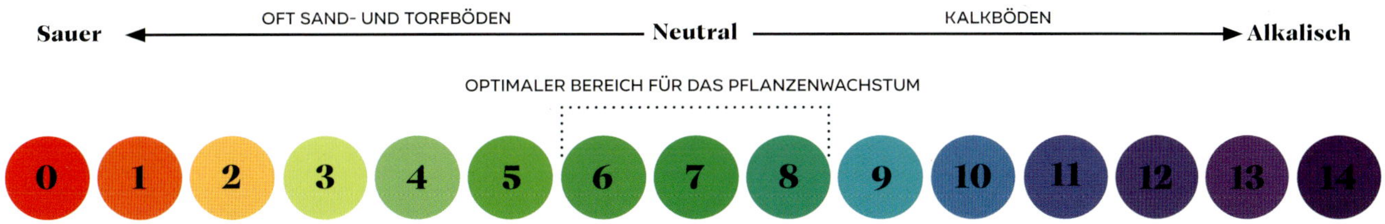

HEIDELBEEREN
Heidelbeeren kommen in freier Natur auf sauren Böden vor und brauchen diese Bedingungen deshalb auch im Garten.

ROTE BETE
Viele Nutzpflanzen fühlen sich in Böden mit einem pH-Wert zwischen 6 und 8 am wohlsten, auch Rote Beten.

KOHL
Alkalische Böden reduzieren das Risiko bodenbürtiger Krankheiten wie Kohlhernie.

Welche Pflanze für welche Zone?

Wir leben in gemäßigten Breiten. Glücklich kann sich deshalb schätzen, wer in seinem Garten besonders sonnige, windgeschützte Ecken hat. Denn hier bekommt er Gelegenheit, empfindliche Exoten anzubauen – fast so, als hätte er ein Gewächshaus. In solchen milden Zonen ist es wärmer, wodurch Obst wie Aprikosen, Pfirsiche, Kirschen und Erdbeeren von Natur aus süßer wird. Nicht winterhartes Gemüse, dessen Laub an anderer Stelle von Stürmen zerrupft würde, kann hier sein volles Potenzial ausschöpfen, was dem Gärtner Körbe voll samtigem Malabarspinat, Basilikum und Bohnen beschert. Das gilt auch für Süßkartoffeln, Tomaten und Paprika, die mit viel Umami-Würze begeistern. Selbstversorger finden in solchen warmen Winkeln ihren privaten Garten Eden.

Zone 1

Sonnig und geschützt

Pfirsiche, Nektarinen und Aprikosen

Prunus

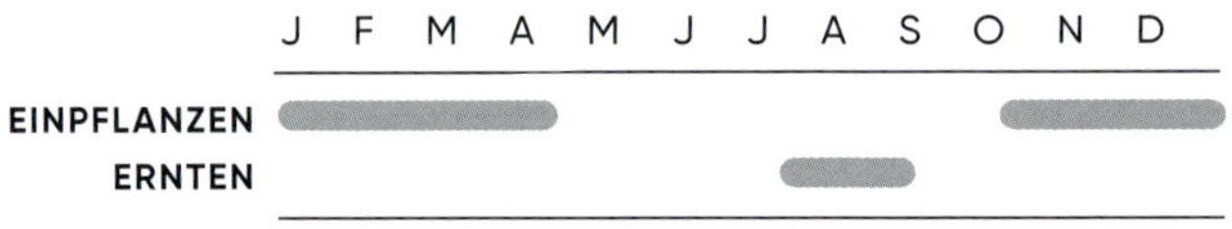

VOM EINPFLANZEN BIS ZUR ERNTE
1–4 Jahre

SORTEN

Pfirsich 'Wunder von Perm' – robust, reich tragend, winterhart

Pfirsich 'Saturne' – Tellerpfirsich mit abgeflachten Früchten und köstlichem weißem Fleisch

Nektarine 'Fantasia' – gelbfleischig, trägt reichlich

Aprikose 'Mino' – moderne Sorte, wüchsig, ertragreich, spät blühend

HERKUNFT

Gemäßigtes Asien

WÄCHST AUCH IN

Zonen 2 und 3 – brauchen lange, warme Sommer

WINTERHÄRTE

Winterhart, aber die Blüten sind anfällig für Frost

LEBENSZYKLUS

Mehrjährig

ERTRAG

★★★★★/☆☆☆☆☆

AUFWAND

7/10

Viele sind verwundert, wenn sie hören, dass selbst im gemäßigten Klima Pfirsiche, Nektarinen und Aprikosen reifen. Sofern sie ausreichend Sonne bekommen, ist das kein Problem. Ideal sind Fächerspaliere in voller Sonne.

Basics

Einpflanzen An einem sonnigen Platz mit durchlässiger Erde, in die Kompost oder reifer Dung eingearbeitet wurde. Wie man die Bäume zu Fächern erzieht, steht auf S. 74–75.

Schnitt Im Frühjahr und Sommer, da sie ein Schnitt im Winter krankheitsanfälliger macht. In den ersten Jahren aus Ästen den Rahmen bilden. Bei älteren Exemplaren immer einen Anteil des alten Holzes entfernen und frische Triebe anbinden.

Ernte Wenn die Früchte weich und saftig sind. Werden Wespen auf sie aufmerksam, erntet man sie etwas früher und lässt sie auf einer sonnigen Fensterbank ausreifen.

Erfolgsgeheimnisse

Ein Baum reicht, denn sie sind selbstfruchtbar.

Eine Kälteperiode im Winter ist unabdingbar für die Blüte. In kühlen Gegenden sollte man spät blühende Sorten wählen.

Weil Pfirsiche früh blühen, sollte man die Blüten nachts mit einem Vlies vor Frost schützen.

Um die Kräuselkrankheit zu vermeiden, hüllt man die Bäume von Januar bis April (siehe S. 211) in wiederverwendbares Vlies.

Bei drohendem Frost müssen blühende Bäume mit einer doppelten Lage Vlies abgedeckt werden, das man mit Stäben stützt, damit es die Blüten nicht berührt.

Kommen Bienen wegen Abdeckungen nicht an die Blüten, bestäubt man sie von Hand.

Für einen guten Ertrag sind frische Triebe wichtig. Schneiden Sie sehr altes Holz jährlich heraus.

Süßkirschen

Prunus avium

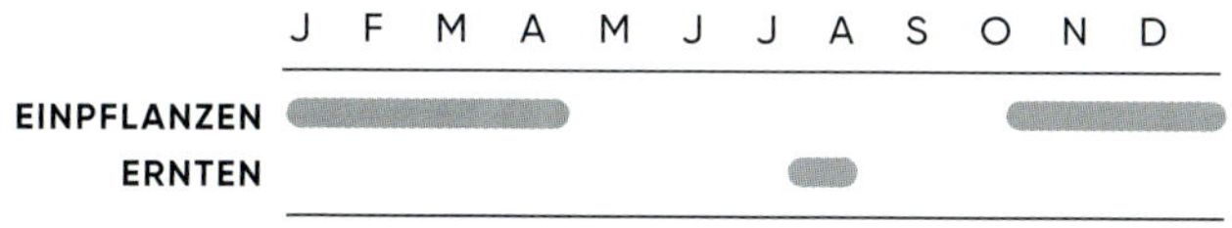

VOM EINPFLANZEN BIS ZUR ERNTE
1–4 Jahre

SORTEN

'Sunburst' – selbstfruchtbar, große, fast schwarze Früchte, mittelfrüh

'Celeste' – selbstfruchtbar, kompakt, früh

'Stella' – verlässlich selbstfruchtbar, ertragreich, mittelfrüh bis spät

'Lapins' – selbstfruchtbar, sehr ertragreich, mittelfrüh, wohlschmeckend

HERKUNFT

Weit verbreiteter Baum; braucht Wärme, mag keine Staunässe

WÄCHST AUCH IN

Zone 3

WINTERHÄRTE

Völlig winterhart

LEBENSZYKLUS

Mehrjährig

ERTRAG

★★★/☆☆☆☆☆

AUFWAND

7/10

Der Anbau hochwertiger, köstlicher Kirschen ist keine Hexerei, sofern die Bäume am richtigen Platz stehen und die Ernte vor Vögeln geschützt wird. Mit ausreichend Sonne bekommt man die süßesten Früchte und durch guten Schnitt hält man die Gehölze so groß, wie man sie haben möchte. Als Bonus winken eine fantastische Blütenpracht und eine schöne Herbstfärbung.

Basics

Einpflanzen An einem sonnigen, geschützten Platz in durchlässiger Erde, in die Gartenkompost oder reifer Stallmist eingearbeitet wurde. Freistehend oder als Spalier an einer Wand oder einem Zaun.

Schnitt In den ersten Jahren zum Aufbau eines Astgerüsts. Ältere Exemplare im Sommer nach dem Abernten schneiden, dabei etwas altes Holz entfernen und – bei Spalierbäumen – Triebe anbinden.

Ernte Kirschen schmecken vollreif, dunkel und saftig am besten. An den Stielen halten, um Beschädigungen zu vermeiden.

Erfolgsgeheimnisse

Sauerkirschen wie *Prunus cerasus* 'Morello', tragen auch im Schatten gut.

Jungbäume bekommen in der zweiten Frühjahrshälfte, bevor sie Früchte ansetzen, einen Formschnitt zum Aufbau des Gerüsts.

Nicht von Oktober bis März schneiden, um Bakterienbrand und Bleiglanz zu vermeiden.

Süßkirschen brauchen viel Sonne. Vollreif sind sie köstliche Saftbomben.

Maden der Kirschfruchtfliege schaden den Früchten. Man hält die Fliege am besten im Frühjahr mit einem engmaschigen Netz am Boden unter dem Baum vom Schlupf aus der Erde ab.

Spalierbäume an Mauern und Zäunen am besten als Fächer erziehen (siehe S. 74–75).

Basilikum

Ocimum

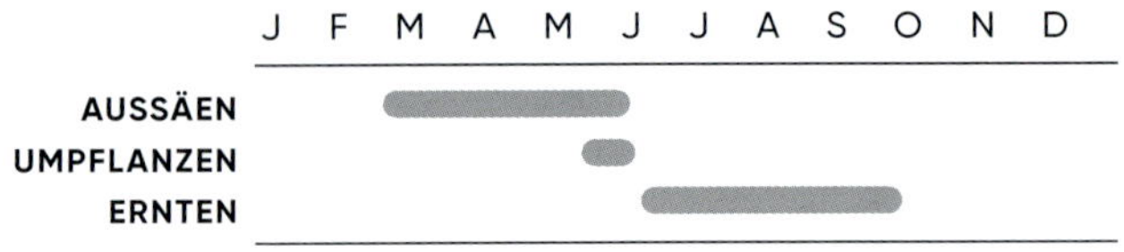

VON DER AUSSAAT BIS ZUR ERNTE
10–12 Wochen

SORTEN

'Aroma 2' F1 – robust und wüchsig; weiche, köstliche Blätter

'Siam Queen' – würziges Thai-Basilikum, violette Blüten

'Dark Opal' – auffallend violette Triebe und Blätter

Baum-Basilikum – mehrjährige Art (*O. gratissimum)*

HERKUNFT

Warme Regionen mit regelmäßigen Niederschlägen im Sommer, vor allem im tropischen Asien

WÄCHST AUCH IN

Zonen 2 und 8 – sehr gut für Fensterbänke

WINTERHÄRTE

Frostempfindlich

LEBENSZYKLUS

Überwiegend einjährig, doch gibt es auch mehrjährige Formen

ERTRAG

★★★★★/☆☆☆☆☆

AUFWAND

7/10

Die Sorten 'Red Rubin' (links), 'Aroma 2' (Mitte) und 'Queen of Sheba' (rechts) brauchen viel Wärme und einen geschützten Platz.

Das beliebte Kraut mit dem unverkennbaren Aroma braucht viel Wärme und durchlässige Böden. Es eignet sich gut für die Topfkultur. Die Auswahl an Sorten mit subtilen Geschmacksunterschieden ist enorm.

Basics

Aussaat Säen Sie in Topfplatten mit je 3–4 Samen pro Modul aus und stellen Sie das Ganze nach drinnen. Nach der Wurzelbildung in 9-cm-Einzeltöpfe umsetzen.

Einpflanzen Ziehen Sie die Pflänzchen an einem frostfreien Ort weiter. Nach dem letzten Frost kommen sie mit 30 cm Abstand nach draußen oder in 30-cm-Töpfe.

Ernte Zimmerpflanzen in Töpfen lassen. Nach Bedarf ernten. Den Sommer über immer neue Sätze aussäen. Triebspitzen abzwicken, um buschigen Wuchs zu erhalten.

Erfolgsgeheimnisse

Setzlinge brauchen mehr als 18 °C. Sie dürfen nicht zu stark gewässert werden, da sonst Keimlingsfäule droht.

Als Microgreens gezogen, kann man Basilikum schon nach nur drei Wochen ernten.

Für die Stecklingsvermehrung werden Triebe in ein Glas Wasser gestellt, bis sie Wurzeln bilden.

Die Blüten sind essbar, lässt man die Pflanzen aber blühen, geht das auf Kosten des Laubansatzes, weshalb sie am besten abgezwickt werden.

Erntet man zu viele Blätter, kann man sie waschen, blanchieren und einfrieren.

Basilikum kann drinnen ganzjährig kultiviert werden. Die Aussaat erfolgt portionsweise in kleinen Töpfen.

Feuerbohnen

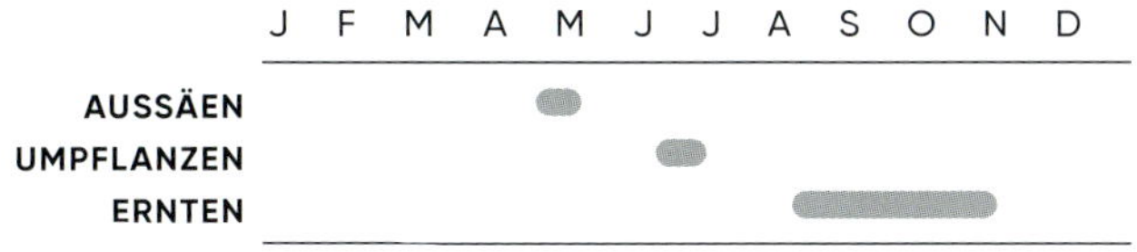

VON DER AUSSAAT BIS ZUR ERNTE
16–20 Wochen

SORTEN

'Firestorm' – exzellente Sorte, rote Blüten, trägt bei warmem und kühlem Wetter gut

'Weiße Riesen' – weiße Blüten, ertragreich, schnell rankend

'Moonlight' – hochwertig, weiße Blüten, selbstbestäubend, verlässlich, fleischige Hülsen

'Hestia' – hübsche Zwergform, rot-weiße Blüten, ideal für Töpfe

HERKUNFT

Mittelamerika; durch züchterische Bemühungen konnten Trockenheits- und Kälteverträglichkeit beträchtlich verbessert werden.

WÄCHST AUCH IN

Zone 3, außerdem in Zone 5, falls sie dort Sonne abbekommen

WINTERHÄRTE

Nicht winterhart – erfriert bei Minusgraden

LEBENSZYKLUS

Mehrjährig, einjährig kultiviert

ERTRAG

★★★★★/☆☆☆☆☆

AUFWAND

8/10

Feuerbohnen gehören nicht umsonst zum beliebtesten Gemüse. Sie setzen von Juli bis in den Spätherbst fleißig Hülsen an. Durch züchterische Bemühungen konnten Fruchtansatz und Konsistenz verbessert werden. Für Gefäße sind kompakte Formen ideal.

Basics

Aussaat Die Samen werden im Haus 3 cm tief in Einzeltöpfe ausgesät.

Einpflanzen Sobald die Bohnen ausgetrieben haben, härtet man sie ab und pflanzt sie mit 40 cm Abstand zueinander (auch Reihenabstand) neben Stangen. Schützen Sie Jungpflanzen vor Wind und wässern Sie sie beim Einwachsen gut. Die Freilandaussaat ist erst nach dem letzten Frost möglich. Kletterformen winden sich von selbst um die Stütze.

Ernte Im Sommer öffnen sich hübsche Blüten, gefolgt von Hülsen, die bei warmfeuchter Witterung schnell reifen. Regelmäßig abernten, solange sie jung und zart sind.

Erfolgsgeheimnisse

Nicht zu früh aussäen, da Kälte die Sämlinge gefährdet.

Die beste Keimrate erzielt man in beheizten Anzuchtkästen bei 18–24 °C.

Gartenkompost und Knochenmehl werden als Dünger in die Beeterde eingearbeitet.

Kletterbohnen wachsen kräftig – sorgen Sie für stabile, hohe Stützen (bis 3 m).

Zur Saisonmitte tut Bohnen ein Blattdünger aus Seetang gut. Laub damit benetzen.

Hülsen alle abernten, damit sich neue bilden – sie dürfen keine dicken Samen bilden.

Die britische Züchtung 'Firestorm' liefert unter optimalen Bedingungen mit großer Verlässlichkeit zarte Hülsen.

Garten-erdbeeren

Fragaria × *ananassa*

J F M A M J J A S O N D

EINPFLANZEN

ERNTEN

VOM EINPFLANZEN BIS ZUR ERNTE
8–32 Wochen

SORTEN

'Vibrant' – sehr ertragreich, saftig, wohlschmeckend, früh

'Cambridge Favourite' – bewährte Sorte, mittelfrüh, schmackhaft und verlässlich

'Pegasus' – späte Sorte, wohlschmeckend, widerstandsfähig gegen Krankheiten

'Albion' – immertragend, große Fruchtbündel, dichter Wuchs

HERKUNFT

Gekreuzt und gezüchtet aus zwei amerikanischen Arten

WÄCHST AUCH IN

Zone 3

WINTERHÄRTE

Winterhart

LEBENSZYKLUS

Mehrjährig

ERTRAG

★★★/☆☆☆☆☆

AUFWAND

8/10

Ob sie frisch und noch sonnenwarm von der Pflanze gezupft oder mit Sahne, Zucker und Baisers genossen werden, Erdbeeren aus dem eigenen Garten gehören zu den besten Sommergenüssen. Die kompakten, pflegeleichten Stauden bilden im Nu reife Früchte und sind mit Recht beliebt.

Basics

Einpflanzen Pflanzen Sie am besten gleich nach der Ernte Ausläufer in unkrautfreie Beete, in die reife organische Substanz eingearbeitet wurde. Wer Töpfe verwendet, füllt sie mit Universalerde und setzt die Pflänzchen in 20 cm Abstand.

Pflege Jungpflanzen werden, bis sie eingewachsen sind, gut gewässert, aber nicht ertränkt. Zunächst tut ihnen ein Volldünger gut, später steigt man auf einen phosphorreichen Blüten- und Fruchtdünger um.

Ernte Die Kulturen können mit einem Netz oder Obstkäfig vor Vögeln geschützt werden. Eine Lage Stroh hält die Beeren sauber. Am besten schmecken sie, wenn man sie erntet, sobald sie eine kräftige Farbe haben – und mit Stiel, um Druckstellen zu vermeiden.

Erfolgsgeheimnisse

Auch Aussaat ist möglich. Säen Sie in frühlingshafter Wärme unter Glas aus und siedeln Sie die Jungpflanzen später um.

Frühe Sorten werden im Gewächshaus oder Wintergarten vorgetrieben. Zum Bestäuben streicht man mit der Hand über die Blüten.

Erdbeeren tut ein Sonnenbad gut. Noch sonnenwarm schmecken sie am besten.

Erdbeeren lassen sich vermehren, indem man die Ausläufer auf Freilanderde oder in kleinen Töpfen festklammert, bis sie wurzeln.

Die Pflanzen fruchten im 2. oder 3. Jahr am besten. Sorgen Sie durch Vermehrung mit Ausläufern regelmäßig für Nachschub.

Manche Sorten wie 'Toscana' und 'Summer Breeze Rose' blühen rosa statt weiß.

Pflanzen kann man als vorgekühlte Ware im Frühjahr oder normal im Sommer kaufen.

Tomaten

Solanum lycopersicum

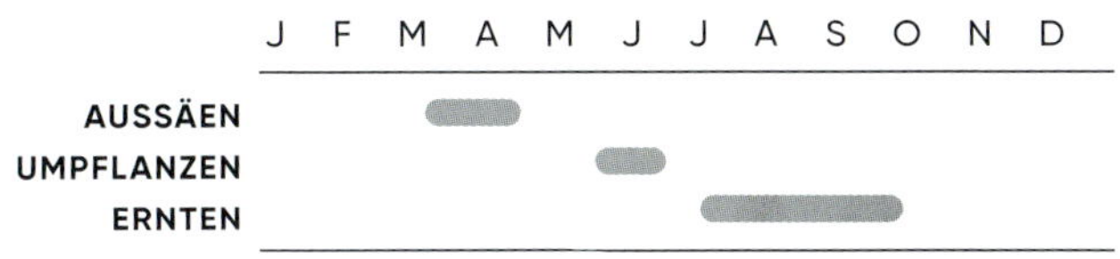

VON DER AUSSAAT BIS ZUR ERNTE
18–24 Wochen

SORTEN

'Rubylicious' F1 – hübsche Stabtomate, Cherry-Tomate, gute Widerstandskraft gegen Kraut- und Braunfäule

'Losetto' F1 – schnell reifende, hängende Zwergsorte, Cherry-Tomate, gute Widerstandskraft gegen Kraut- und Braunfäule

'Rose Crush' F1 – wüchsige Stabtomate, rosa Fleischtomate, widerstandsfähig gegen Kraut- und Braunfäule

'Nagina' F1 – Stabtomate mit eierförmigen Früchten, gute Widerstandskraft gegen Kraut- und Braunfäule

HERKUNFT

Tropisches Hochland von Mexiko und andere Teile der Neuen Welt

WÄCHST AUCH IN

Zonen 2 und 3 – sofern sie warm genug sind

Zone 8 – kompakte Sorten als Zimmerpflanzen

WINTERHÄRTE

Nicht winterhart, frostempfindlich

LEBENSZYKLUS

Mehrjährig, einjährig kultiviert

ERTRAG

★★★★/☆☆☆☆☆

AUFWAND

7/10

Tomaten haben sich aufgrund ihres Geschmacks, ihrer Vielfalt und ihres unkomplizierten Anbaus in vielen Kulturkreisen etabliert. Volle Sonne verspricht hohe Erträge. Es werden immer Fäule-resistentere Sorten gezüchtet, was die Freilandkultur vereinfacht.

Basics

Aussaat Ausgesät wird 5 mm tief mit 10 mm Abstand in Töpfen im warmen Zimmer. Sind die Sämlinge groß genug, siedelt man sie in 9-cm-Einzeltöpfe um, lässt sie aber drinnen.

Einpflanzen Ins Freie oder Gewächshaus kommen Tomaten, sobald kein Frost mehr droht. Stabtomaten sind mit großen Töpfen, Pflanzsäcken oder Rabatten zufrieden, Zwergformen ideal für Ampeln und Gefäße.

Ernte Stabtomaten lässt man an Schnüren oder Stäben hochwachsen. Seitentriebe werden ausgezwickt. Gut wässern.

Erfolgsgeheimnisse

Für eine optimale Keimung wird der Anzuchtkasten auf 18–22 °C eingestellt.

Pflanzen für das Gewächshaus können schon im Februar gesät werden. Stabtomaten werden hoch und tragen gut.

Kaufen Sie Jungpflanzen, wenn Sie keinen Anzuchtkasten haben – veredelte Formen liefern hohe Erträge.

Ab der Blüte verabreicht man Tomaten alle zwei Wochen einen stickstoffreichen Dünger.

Der Reifeprozess der letzten Stabtomaten wird angestoßen, indem man weniger wässert, die Spitze des Haupttriebs kappt und noch kleine, unreife Früchte entfernt.

Lassen Sie große, aber unreife Früchte nachreifen, sie werden noch rot und schmackhaft.

Den Sorten 'Rubylicious' (links), 'Black Moon' (Mitte) und 'Losetto (rechts) tut ein sonniger, geschützter Platz draußen gut.

Malabar-spinat

Basella

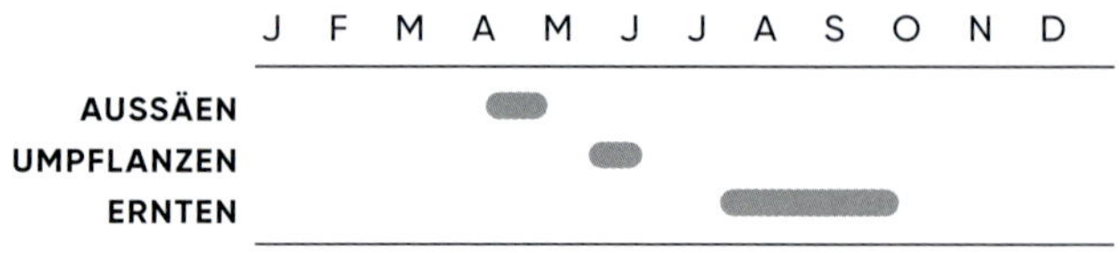

VON DER AUSSAAT BIS ZUR ERNTE
15–18 Wochen

ARTEN

Basella alba – hellgrünes Laub, weiße Blüten

B. rubra – dunkelgrünes Laub, rote Blüten

Derzeit sind keine eingetragenen Sorten bekannt.

HERKUNFT

Feuchte, tropische Wälder in Asien. Auch als Ceylon- oder Indischer Spinat bekannt

WÄCHST AUCH IN

Zonen 3, 5 und 6, sofern es dort warm genug ist

WINTERHÄRTE

Nicht winterhart, frostempfindlich

LEBENSZYKLUS

Mehrjährig, wird aber einjährig kultiviert

ERTRAG

★★★★★/☆☆☆☆☆

AUFWAND

8/10

Die wüchsige, windende Kletterpflanze liefert unter Idealbedingungen außerordentlich hohe Erträge. Ihre großen, nierenförmigen Blätter schmecken roh zart und samtig, können jedoch auch als gesundes Kochgemüse genossen werden. Die Waldpflanze gedeiht sogar im Schatten gut.

Basics

Aussaat Die Samen werden 2 cm tief einzeln in großen Topfplatten im Haus ausgesät. Sobald die Pflänzchen 6–8 cm hoch sind, härtet man sie ab. Nach dem letzten Frost dürfen sie nach draußen umziehen.

Einpflanzen Arbeiten Sie in die Erde reichlich Gartenkompost ein. Die Pflanzen brauchen 30 cm Abstand zueinander. Sie werden an mindestens 2 m hohen Stäben, Bohnenstangen oder kräftigen Schnüren gezogen. Zunächst wachsen sie nach oben, dann bilden sie Seitentriebe.

Ernte Das Laub von Malabarspinat kann bis zum ersten Frost geerntet werden.

Erfolgsgeheimnisse

Die ideale Keimtemperatur im Anzuchtkasten beträgt 15–20 °C.

Für guten Ertrag brauchen die Pflanzen möglichst viel Wärme, Schutz und Wasser.

Im Gewächshaus kann Malabarspinat bis zu 4 m hoch werden.

Selbst älteres Laub bleibt zart und wird nicht faserig.

Sowohl *Basella alba* (ganz oben) als auch *B. rubra* (oben) legen unter warmen Bedingungen außerordentlich rasch zu.

Die Pflanzen fangen sich weder Schädlinge noch Krankheiten ein – ideal für Biogärtner.

Samen werden im Herbst gesammelt und dann getrocknet.

Paprika

Capsicum

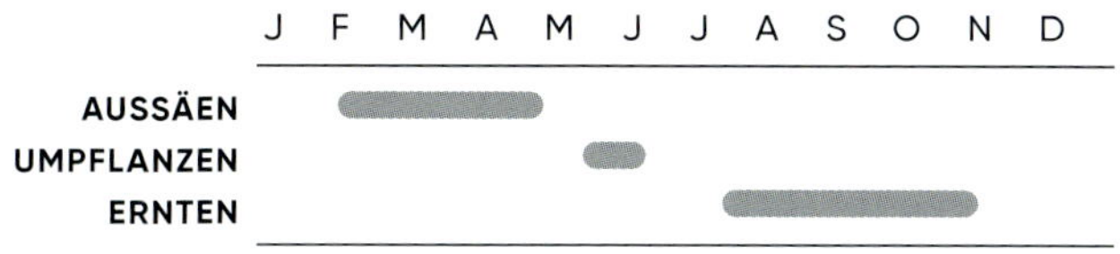

VON DER AUSSAAT BIS ZUR ERNTE
24–32 Wochen

SORTEN

Paprika 'Thor' F1 – Spitzpaprika, bis zu 25 cm lang

Paprika 'Popti' F1 – gedrungen, mit vielen kleinen roten Früchten

Chili 'Jalapeno' – kompakt, patronenförmig, mild

Chili 'Quickfire' – kompakt, sehr scharf, rot

HERKUNFT

Mittel- und Südamerika, gedeiht in heißen, sonnigen, häufig niederschlagsarmen Gegenden

WÄCHST AUCH IN

Zone 8 – kompakte Sorten sind ausdauernde Zimmerpflanzen für helle Fenster

WINTERHÄRTE

Nicht winterhart, frostempfindlich

LEBENSZYKLUS

Mehrjährig, wird aber meist einjährig gezogen

ERTRAG

★★★★/☆☆☆☆☆

AUFWAND

8/10

Die Paprikasorten 'Popti' (links), 'Hot Lemon' (Mitte) und 'Habanero Orange' (rechts) freuen sich über einen Platz an der Sonne.

Sowohl milde Gemüsepaprika als auch scharfe Chilis brauchen warme, sonnige Standorte. Mit ihren kräftigen Farben sind sie sehr dekorativ und machen drinnen wie draußen eine gute Figur.

Basics

Aussaat Die Samen 1 cm tief mit ebenso viel Abstand in Töpfe im Haus aussäen. Sobald die Sämlinge groß genug sind, kommen sie in 9er-Töpfe, bleiben aber noch drinnen.

Einpflanzen Sobald die Wurzeln den Topf ausfüllen, setzt man die Pflänzchen in 30-cm-Töpfe um oder ins Freiland, sofern es über 5 °C hat. Der Abstand zwischen den Pflanzen sollte 40 cm betragen. Stützen Sie sie mit stabilen Stäben.

Ernte Die Früchte lassen sich unreif, also grün, ernten – oder mit ihrer endgültigen Farbe, denn dann sind sie süßer bzw. schärfer. Getrocknete Chilis halten jahrelang.

Erfolgsgeheimnisse

Stellen Sie den Anzuchtkasten auf 18–25 °C ein, um ordentliche Keimraten zu erzielen – das ist vor allem bei den schärfsten Chilisorten wichtig.

Chilis vertragen selbst größte Hitze und gedeihen in heißen Sommern am besten.

Zieht man Paprika unter Glas, tragen sie wesentlich besser.

Große Pflanzen müssen regelmäßig mit einem phosphorreichen Bioflüssigdünger versorgt werden, vor allem Paprika.

Damit Chilis zum Sommerende noch ausreifen, wässert man die Pflanzen dann weniger.

Überschüsse können in versiegelten Beuteln eingefroren werden.

Auberginen

Solanum melongena

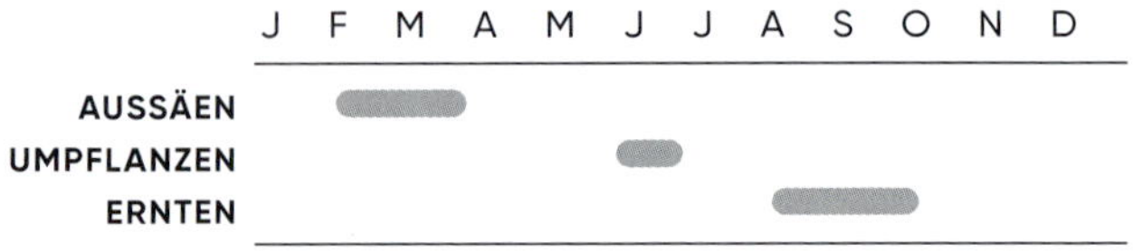

VON DER AUSSAAT BIS ZUR ERNTE
22–28 Wochen

SORTEN

'Violet Knight' F1 – ertragreich, wurstförmige, violette Früchte

'White Knight' F1 – wüchsig, liefert viele weiße, längliche Früchte

'Moneymaker No. 2' F1 – kompakt, reichlich violette Früchte, die früh reif werden

'Antigua' – auffallend violette, weiß gestreifte Früchte

HERKUNFT

Warme, feuchte Regionen im tropischen Asien

WÄCHST AUCH IN

Zonen 2 und 3 – sofern sie ausreichend warm sind

Zone 8 – kompakte Sorten als Zimmerpflanzen kultivierbar

WINTERHÄRTE

Nicht winterhart – erfriert bei Minustemperaturen

LEBENSZYKLUS

Mehrjährig, wird aber einjährig gezogen

ERTRAG

★★★/☆☆☆☆☆

AUFWAND

6/10

Von links nach rechts: die Sorten 'White Knight', 'Violet Knight' und 'Kermit'.

Das in der asiatischen und mediterranen Küche beliebte Gemüse spielt in unzähligen Speisen eine Rolle. Es braucht viel Wärme und trägt gut, wenn kräftiges Wurzelwachstum gefördert wird.

Basics

Aussaat Ausgesät wird 5 mm tief mit 10 mm Abstand in Töpfe im Haus. Sobald die Sämlinge so groß sind, dass man sie gefahrlos aus der Erde nehmen kann, setzt man sie in 9er-Töpfe um und zieht sie drinnen weiter.

Einpflanzen Setzlinge brauchen feuchtes, nicht nasses Substrat und Temperaturen über 16 °C. Am besten gedeihen Auberginen in 30-cm-Töpfen. Sobald sie etwas größer sind, kommen sie in Einzeltöpfen ins Freie.

Ernte Binden Sie die Triebe an kräftige Bambusstützen, wässern Sie gut (Staunässe gilt es jedoch zu vermeiden) und ernten Sie die Früchte, sobald sie groß, aber noch nicht stumpf und runzlig sind.

Erfolgsgeheimnisse

Für eine gute Keimrate wird die Temperatur im Anzuchtkasten auf 20–24 °C eingestellt. Samen mit etwas Erde abdecken.

Veredelte Jungpflanzen sind wüchsig und tragen schnell.

Wer auf große Pflanzen und hohe Erträge Wert legt, zieht sie in Gewächshausbeeten.

Ab der Blüte brauchen Auberginen alle 6–10 Tage Dünger.

Wässern Sie mit Bedacht. Das Substrat sollte feucht, aber nicht staunass sein.

Durch Besprühen mit Wasser hält man Spinnmilben fern.

Süßkartoffeln

Ipomoea batatas

	J	F	M	A	M	J	J	A	S	O	N	D
EINPFLANZEN					■							
UMPFLANZEN						■						
ERNTEN										■	■	

VOM EINPFLANZEN BIS ZUR ERNTE
18–24 Wochen

SORTEN

'Beauregard' – rotschalig, Fleisch orange, tolerant

'Bonita' – zylindrisch, cremegelbe Schale, gelbfleischig, milder Geschmack, gleichmäßig

'Erato Violet' – länglich, dunkelviolett, ertragreich

'Evangeline' – süß, dunkelorange, ertragreich, hoher Zierwert

HERKUNFT

Fruchtbare Böden im tropischen Amerika, gedeiht in sonnigen Lagen

WÄCHST AUCH IN

Zone 3, sofern gut geschützt

WINTERHÄRTE

Nicht winterhart, erfriert bei Minustemperaturen

LEBENSZYKLUS

Mehrjährig, wird aber einjährig kultiviert

ERTRAG

★★★/☆☆☆☆☆

AUFWAND

7/10

Durch intensive Zucht lassen sich Süßkartoffeln auch in gemäßigten Zonen immer besser anbauen. Sie gedeihen in geschützten, sonnigen Ecken und liefern fleischige Knollen. Man genießt sie u. a. gebraten, frittiert und gebacken.

Basics

Vortreiben Süßkartoffeln werden im Frühjahr aus bewurzelten Stecklingen vorgetrieben. Sie kommen einzeln in 20-cm-Töpfe und werden drinnen bei 18–20 °C kultiviert, bis sie gut eingewachsen sind.

Einpflanzen Ab Mai härtet man sie ab und pflanzt sie mit 40 cm Abstand in den Boden, gedüngt mit Gartenkompost und Langzeitdünger. Boden mit Karton abdecken, Löcher hineinschneiden und Pflänzchen in die Löcher setzen. Gut wässern und abdecken, falls es noch einmal kalt wird.

Ernte Sobald das Laub gelb wird und einzieht, wird geerntet – aber auf jeden Fall noch vor dem ersten Frost. Dazu hebelt man die Knollen aus dem Boden. Beschädigte Knollen werden sofort verwertet, alle anderen trocknet man ein paar Tage an einem warmen Platz und lagert sie an einem dunklen Ort.

Erfolgsgeheimnisse

Saatknollen werden im Frühjahr im beheizten Anzuchtkasten zum Austreiben gebracht.

Karton als Bodenabdeckung verhindert Konkurrenz durch Unkraut.

Ist wenig Platz, kann man die Pflanzen an Stäben oder in Gefäßen kultivieren.

Wichtig ist gutes Wässern, bei Trockenheit regelmäßig.

Frische Triebe und Blätter älterer Pflanzen sind als Blattgemüse verwertbar.

Gelagerte Knollen werden mit der Zeit milder, süßer und weicher.

Süßkartoffeln setzen viel Laub an. Die köstlich süßen Knollen bilden sich im Spätherbst.

Zehn weitere Gartenstars

Spargelbohne

Mit dem deutschen Namen wird bei *Vigna unguiculata* subsp. *sesquipedalis* auf die phänomenal langen Hülsen hingewiesen. Die Spargelbohne lässt sich zwar mit dem Reifen Zeit, trägt dann aber reichlich. Zwerg- und Kletterformen sind erhältlich. Jung genießen.

Quitte

Der winterharte Obstbaum (*Cydonia oblonga*) aus dem Kaukasus wird wegen seiner großen, goldgelben, birnenförmigen duftenden Früchte gezogen. Er mag es warm und braucht durchlässige Böden. Die sehr aromatischen Quitten sind ein vorzügliches Kochobst. 'Vranja' ist eine ausgezeichnete Birnenquitte, 'Konstantinopeler' eine tolle Apfelquitte.

Chinesische Yamswurzel

Dioscorea polystachya ist im milden Hügelland von China beheimatet. Sie setzt an warmen Standorten viel Laub an und verträgt etwas Schatten. Essbar sind die großen Wurzelknollen und die kleineren warzigen Bulbillen.

Goldblume

Die Goldblume *Glebionis coronaria* Syn. *Chrysanthemum coronarium*, auch Shungiku oder Kronenwucherblume genannt, wird wegen ihrer graugrünen, aromatischen Blätter kultiviert. Sie wächst rasch und öffnet im Sommer hübsche gelbe Blüten. Junges Laub schmeckt am besten.

Feijoa

Die Feijoa oder Brasilianische Guave (*Acca sellowiana*) verträgt bis −12 °C. Der Strauch stammt aus Südamerika, braucht viel Sonne und verträgt etwas Wind. Er kann 2 m hoch werden, bildet kiwiförmige Früchte und fleischige, rosa Blütenblätter, die im Mund förmlich schmelzen.

Die Goldblume (links) und die Feijoa (rechts) brauchen geschützte Standorte und viel Sonne.

Echter Lorbeer

Der immergrüne südeuropäische Baum (*Laurus nobilis*) braucht viel Wärme. Er kann 10 m hoch werden, wird aber oft stark geschnitten. Lorbeer verträgt Wind, unter etwa –10 °C allerdings erfrieren die Blätter und der Stamm bekommt Frostrisse. Die Blätter geben Speisen ein warmes Aroma.

Inkagurke

Die in warmen Breiten sehr wüchsige, einjährige Inkagurke (*Cyclanthera pedata*) setzt im Sommer und Herbst hornförmige, dicke Früchte mit mildem Paprikageschmack an.

Tomatillo

Physalis ixocarpa bildet Früchte mit einer papierartigen Hülle, ähnlich der Kapstachelbeere (siehe unten). Die nicht winterharte Einjährige wächst rasch und bildet einen offenen Busch aus dünnen Trieben, die gestützt werden müssen. Sie trägt gelbe Blüten und rundliche grüne oder violette Früchte, die ausgezeichnete Salsas ergeben.

Kiwi

Die kletternde Kiwi (*Actinidia deliciosa*) aus dem gebirgigen Ostasien und ihre Verwandte, die Kiwibeere (*A. arguta*), fruchten bereitwillig. Am leichtesten zu ziehen und sehr ertragreich sind die selbstfruchtbaren Sorten *A. d.* 'Jenny' und *A. a.* 'Issai'.

Kapstachelbeere

Die nicht winterharte *P. peruviana* stammt aus Peru. An exponierten Standorten muss sie gestützt werden. Die orangen Früchte erscheinen im Spätsommer in einer papierenen Hülle. Sie halten sich viele Wochen.

Der Lorbeer (ganz oben, links), die Chinesische Yamswurzel (ganz oben, rechts) und die Tomatillo (oben) gedeihen in Zone 1 prächtig.

Projekt:

Fächerspalier in der Sonne

Viele Obstgehölze lassen sich in eine zweidimensionale Form bringen, damit sie an Wänden oder Zäunen viel Sonne tanken können. Diese Form der Erziehung ist nicht schwer – man braucht lediglich etwas Knowhow und ein bisschen Zeit. Spalierobst ist nicht nur sehr ertragreich, sondern auch schön anzusehen.

Für eine Fächererziehung eignen sich Obstgehölze, die Früchte entlang ihrer gesamten Triebe ansetzen, also Steinfrüchte wie Pfirsiche (oben), Pflaumen und Kirschen, ferner Stachelbeeren und Rote, Weiße und Rosa Johannisbeeren. Ihre Äste werden fächerartig zu einem symmetrischen Gerüst ausgebreitet. Bei älteren Exemplaren entfernt man ältere Triebe regelmäßig und erzieht neue bzw. bindet sie an, damit sie weiter gut tragen.

Ein Fächerspalier hat viele Vorteile. Erstens bekommen die Früchte viel Sonne ab. Das treibt den Zuckergehalt nach oben, wovon vor allem Süßkirschen, Renekloden, Aprikosen, Nektarinen, Pfirsiche und Feigen profitieren. Zweitens erleichtert die zweidimensionale Form den Schutz vor Schädlingen und Krankheiten sowie die Ernte. Drittens brauchen Fächerspaliere kaum Platz. Vorerzogene Gehölze tragen schneller, kosten aber mehr. Jungbäume fruchten schon nach 3–4 Jahren.

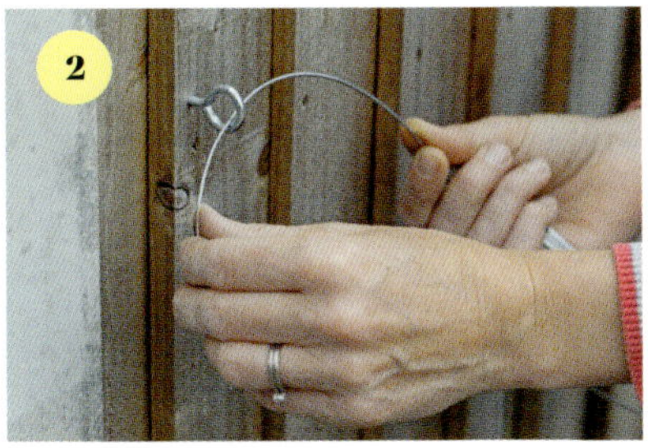

Sie brauchen

Bandmaß
Bohrmaschine
Ösenschrauben
verzinkter Draht, 4–6 mm
Spannschrauben
Maulschlüssel
Juteschnur
Bambusstäbe

Schritt für Schritt

1 Alle 30 cm auf zwei vertikalen Linien Löcher für Ösenschrauben vorbohren, horizontal mit 2–3 m Abstand zueinander. Schrauben hineindrehen.

2 An den linken Ösenschrauben 2–3 m lange Drähte gut befestigen.

3 Den Draht an den Spannschrauben befestigen. Spannschrauben in die rechten Ösenschrauben stecken und mit dem Maulschlüssel so drehen, dass die Drähte gespannt werden.

4 Ein Junggehölz mit kräftigen, zu beiden Seiten gerichteten Ästen einpflanzen und gut angießen. Mit einer Schnur Bambusstäbe fächerförmig und symmetrisch an die Drähte binden.

5 Die jungen Äste an die Stäbe binden. Schlingen groß genug lassen, damit die Äste dicker werden können.

6 Zweige, die zur Wand oder von der Wand weg wachsen, abschneiden.

7 Nach und nach frische Äste an die Stäbe und Stäbe an die Drähte binden. Ältere Seitentriebe ausdünnen und frische anbinden.

Trockene warme Lagen sind nichts für den Anbau von Nutzpflanzen? Von wegen: Viele Obst-, Gemüse- und Kräuterpflanzen aus maritimen, trockenen und gebirgigen Regionen überleben in einer solchen Umgebung nicht nur halbwegs, sie gedeihen dort sogar prächtig. Sie haben sich an die Bedingungen dort bestens angepasst. Spargel, Haferwurzel und Meerkohl dringen mit ihren fleischigen Wurzeln tief in sandige Böden ein, das Laub von Artischocken und Rosmarin hat eine wächserne, fein behaarte Oberfläche, um sengende Sonnenstrahlen abzuwehren, und Mönchsbart und Portulak speichern in ihren fleischigen Blättern alles verfügbare Wasser. Wenn die Natur mit Extrembedingungen kommt, kontern wir locker mit solchen Asketen.

Zone 2

Sonnig, offen und trocken

Spargel

Asparagus officinalis

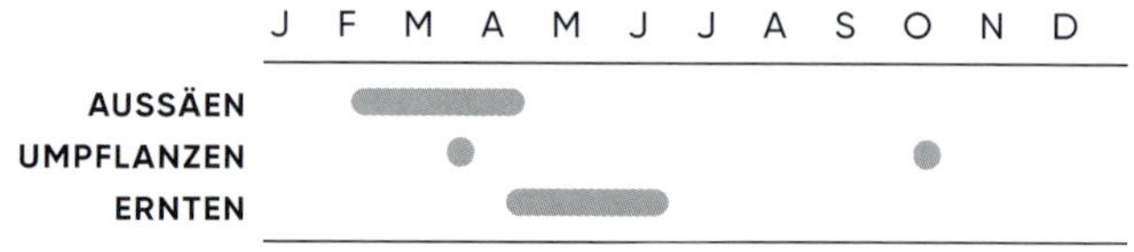

VON DER AUSSAAT BIS ZUR ERNTE
2–3 Jahre

SORTEN
'Gijnlim' – rein männliche F1-Hybride, wüchsig, dicke grüne Stangen

'Guelph Millenium' – rein männliche F1-Hybride, wüchsig, verträgt Kälte

'Pacific Purple' – nicht winterhart, süß, violette Stangen

'Vittorio' – widerstandsfähige, rein männliche F1-Hybride zum Vortreiben, weiße Stangen

HERKUNFT
Südwesteuropa und Mittelmeerküste

WÄCHST AUCH IN
Zonen 1 und 3 – sofern nicht staunass

WINTERHÄRTE
Winterhart

LEBENSZYKLUS
Mehrjährig

ERTRAG
★★/☆☆☆☆☆

AUFWAND
8/10

Spargel gilt wegen seiner kurzen Saison, seines hohen Platzbedarfs und seines einzigartigen Geschmacks als Luxusgemüse. Es dauert, bis er eingewachsen ist, doch dann liefert er mindestens ein Jahrzehnt lang frische, selbst gezogene Stangen. Frisch schmeckt er am süßesten, ob gedämpft, gegrillt oder gekocht und mit Butter serviert.

Basics

Aussaat Säen Sie Spargel im Frühjahr in 9-cm-Töpfe oder pflanzen Sie einjährige »Klauen« (Wurzeln). Sie kommen mit 40 cm Abstand in 10 cm tiefe Furchen und werden mit Erde bedeckt. Im ersten Jahr gut wässern.

Einpflanzen Spargel wird im Frühsommer ausgepflanzt. Aus Klauen gezogene Pflanzen können im zweiten, ausgesäte ab dem dritten Jahr geerntet werden.

Ernte Im ersten Jahr können acht, danach zehn Wochen lang Stangen geerntet werden. Kappen Sie die Stangen 1–2 cm unter dem Bodenniveau mit einem Messer oder einer Gartenschere, sobald sie 20–25 cm hoch sind.

Erfolgsgeheimnisse

Aussaat ist preiswert. Stellen Sie den Anzuchtkasten auf 16–20 °C ein.

Gepflanzt wird in Beete, in denen man möglichst wenig mehrjährige Unkräuter dulden sollte.

Jungpflanzen brauchen gute Pflege, ältere sind sehr trockenheitsverträglich.

Spargel fühlt sich in stark durchlässiger Erde wohl. Ältere Pflanzen sind sehr trockenheitsverträglich.

Düngen Sie die Beete nach der Ernte mit einer ausgewogenen Düngermischung, etwa Hornspäne und Kompost.

Im Sommer wird nicht mehr geschnitten, damit sich Laub bildet und die Wurzeln wieder regenerieren. Eine Stütze ist nun wichtig.

Altes Laub wird im November entfernt. Bei einem Befall mit dem Spargelhähnchen (siehe S. 206) darf es nicht kompostiert werden.

Hafer- und Schwarzwurzel

Tragopogon und *Scorzonera*

	J	F	M	A	M	J	J	A	S	O	N	D
AUSSÄEN				▬	▬							
UMPFLANZEN	Nicht umpflanzen, sondern direkt aussäen											
ERNTEN	▬	▬	▬							▬	▬	▬

VON DER AUSSAAT BIS ZUR ERNTE
22–30 Wochen

SORTEN

Haferwurzel 'Sandwich Island' – dick, weiß, wüchsig

Schwarzwurzel 'Russian Giant' – wüchsig, schwarz, weißes Fleisch

Schwarzwurzel 'Long Black Maxima' – lang, schwarze Schale, weißes Fleisch

HERKUNFT
Küsten und Dünen in Südeuropa

WÄCHST AUCH IN
Zonen 1, 3 und 4

WINTERHÄRTE
Völlig winterhart

LEBENSZYKLUS
Zweijährig (Haferwurzel), mehrjährig (Schwarzwurzel), beide werden aber einjährig gezogen

ERTRAG
★★★/☆☆☆☆☆

AUFWAND
8/10

Die Wurzeln kommen mit sehr wenig Wasser aus. Im Handel findet man sie nur selten. Sie liefern hohe Erträge, lassen sich trocknen, dünsten oder braten und geschält als Gourmetbeilage servieren. Manche vergleichen das delikate, süße Gemüse sogar mit Austern.

Basics

Aussaat Ausgesät wird 3 cm tief mit 30 cm Reihenabstand direkt in gut gelockerte Beete. Ist die Erde trocken, sollte sie gewässert werden. Nach dem Keimen dünnt man auf 10 cm aus. Bis zur Keimung ist gutes Jäten wichtig – danach ist kaum noch etwas zu tun, nur größere Unkräuter gehören entfernt.

Ernte Ab dem Frühherbst. In vielen Böden reichen die Wurzeln tief, sodass man sie mit einer Gabel herausholen sollte, aber nur nach Bedarf, da sie im Boden am längsten halten.

Erfolgsgeheimnisse

Die Samen sind nur kurz keimfähig. Kaufen Sie alle 1–2 Jahre frische Päckchen.

Umpflanzen ist nicht ratsam – die langen Pfahlwurzeln vertragen es nicht.

Durch gutes Wässern junger Pflanzen bei Trockenheit erhöhen Sie den Ertrag.

Mulchen Sie mit Stroh, falls starker Frost droht – es erleichtert die Ernte.

Blanchieren Sie junges Laub unter einem Deckel – es ist ein exzellentes Gemüse.

Die Blüten locken Bestäuber an – wer Platz hat, lässt überwinterte Pflanzen wachsen.

Haferwurzeln sind dick und lang und außerordentlich trockenheitsverträglich. Das Laub ist blanchiert ebenfalls essbar.

Sommer-portulak

Portulaca oleracea

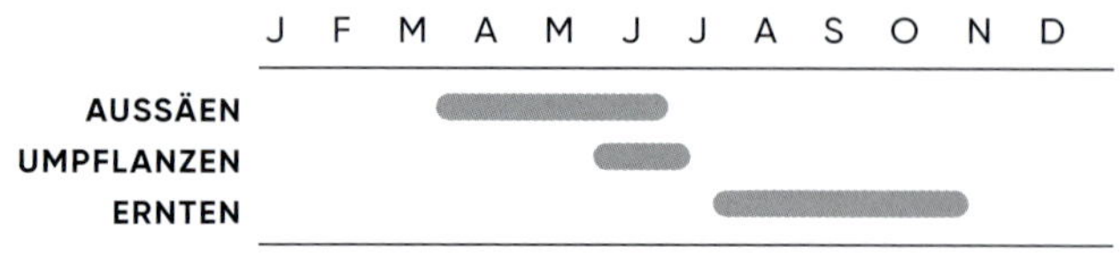

VON DER AUSSAAT BIS ZUR ERNTE
12–16 Wochen

SORTEN
Im Handel ist meist die aufrechte Art zu haben, doch gibt es auch kleinblättrige, kriechende Formen

HERKUNFT
Tropische Regionen in aller Welt, viele Varianten

WÄCHST AUCH IN
Zonen 1, 3 und 5

WINTERHÄRTE
Nicht winterhart – erfriert bei Minustemperaturen

LEBENSZYKLUS
Kurzlebige Staude, einjährig kultiviert

ERTRAG
★★★★★/☆☆☆☆☆

AUFWAND
9/10

Der Sommerportulak ist ein anpassungsfähiger Überlebenskünstler. Mit seiner wächsernen Blattoberfläche und dadurch Trockenheitsverträglichkeit empfiehlt er sich angesichts des Klimawandels als Pflanze der Zukunft bei uns. Zum Glück liefert er auch hohe Erträge, ist leicht zu kultivieren und schmeckt.

Basics

Aussaat Die winzigen Samen werden dünn in Topfplatten mit kleinen Modulen gesät.

Man findet aufrechte (oben) und niederliegende (unten) Formen des Sommerportulaks. Beide sind sehr trockenheitsverträglich.

Als Substrat ist feuchte Aussaaterde ideal. Die Platten werden bei 18–20 °C in einen Anzuchtkasten gestellt. Sobald die Sämlinge groß genug sind, vereinzelt man sie.

Möglich ist auch Direktaussaat im Juni in Rillen mit 30 cm Reihenabstand. Sämlinge werden auf 20 cm ausgedünnt.

Einpflanzen Pflanzen in Töpfen kommen nach dem letzten Frost ins Freie. Lässt man Portulak blühen, sät er sich bereitwillig selbst aus.

Ernte Geerntet wird, sobald die Triebe eine ordentliche Größe haben. Vorher werden die Triebspitzen immer wieder abgezwickt, damit buschige, robuste Pflanzen mit vielen Seitentrieben entstehen.

Erfolgsgeheimnisse

Decken Sie die Samen nicht mit Erde ab, denn sie sind Lichtkeimer.

Lässt man Portulak Samen ansetzen, muss man ihn normalerweise nicht mehr drinnen aussäen.

Sämlinge aus Selbstaussaat sind wesentlich trockenheitsverträglicher als solche, die in Töpfen vorgetrieben und ausgepflanzt wurden.

Triebspitzen werden im Sommer abgezwickt. Im Herbst blüht Portulak.

Niederliegende, kleinblättrige Formen (mitunter als *P. sativa* oder *P. retusa* im Handel) sind auf trockenen Arealen ein ausgezeichneter Bodendecker.

Sommerportulak lässt sich frisch oder in Butter gedünstet genießen.

Limabohnen

Phaseolus lunatus

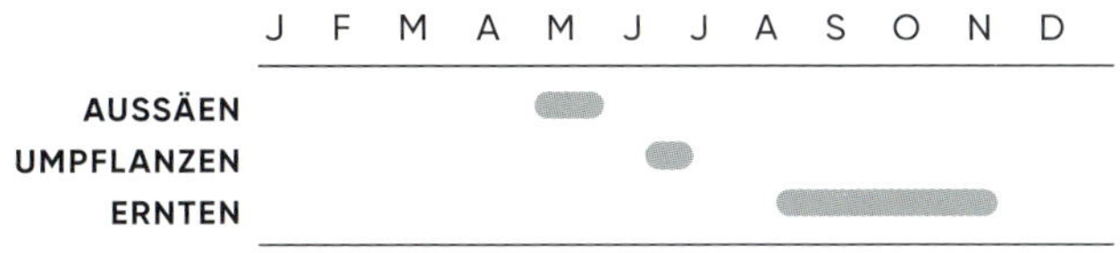

VON DER AUSSAAT BIS ZUR ERNTE
16–20 Wochen

SORTEN
Gelegentlich sind eingetragene Sorten (einschließlich Zwergformen) erhältlich; Saatgut wird auch unter der Bezeichnung »Mondbohne« verkauft

HERKUNFT
Heiße, trockene Regionen in Südamerika, daher hitze- und trockenheitsverträglicher als andere Bohnen

WÄCHST AUCH IN
Zonen 1 und 3 – falls die Lagen windgeschützt sind

WINTERHÄRTE
Frostempfindlich

LEBENSZYKLUS
Mehrjährig, wird aber einjährig kultiviert

ERTRAG
★★★/☆☆☆☆☆

AUFWAND
7/10

Die Samen dieses tropischen Gemüses sind gekocht und langsam gegart eine eiweiß- und ballaststoffreiche Zutat für Eintöpfe, Suppen, Paella und Salate. In langen, heißen Sommern ist reiche Ernte garantiert. Überschüsse lassen sich trocknen und sehr lange lagern.

Basics

Aussaat Im Frühjahr im Haus 3 cm tief in Einzeltöpfe säen. Nach dem Austrieb werden die Sämlinge abgehärtet. Ab Mai ist auch Direktaussaat möglich.

Einpflanzen Pflanzen Sie Setzlinge mit 40 cm Abstand neben Bohnenstangen; Reihenabstand 40 cm. Jungpflanzen müssen vor starkem Wind geschützt werden. Bis sie gut eingewachsen sind, brauchen sie viel Wasser. Kletterformen klettern selbstständig.

Ernte Im Sommer öffnen sich hübsche Blüten, gefolgt von Hülsen mit dicken Bohnen. Sie werden erst geerntet, wenn sie vollreif sind. Zum Lagern trocknet man sie gut.

Erfolgsgeheimnisse

Limabohnen sind eng mit Gartenbohnen verwandt und werden ähnlich behandelt.

Bei Kälte und Staunässe sollte man sie nicht aussäen – auf besseres Wetter warten.

Kletterformen brauchen eine tragfähige Stütze. Zwergformen zieht man in Töpfen.

Arbeiten Sie in die Beete viel organische Substanz ein, das kräftigt die Wurzeln.

Die Hülsen bilden sich bei trockenem Wetter. In einem nassen Jahr sind sie faseriger.

Für ein eiweißreiches Essen werden die Bohnen getrocknet, dann wieder in Wasser eingeweicht und 20 Min. lang gekocht.

Limabohnen stammen aus trockenen Regionen und sind daher etwas für relativ trockene Gärten.

Feigen

Ficus carica

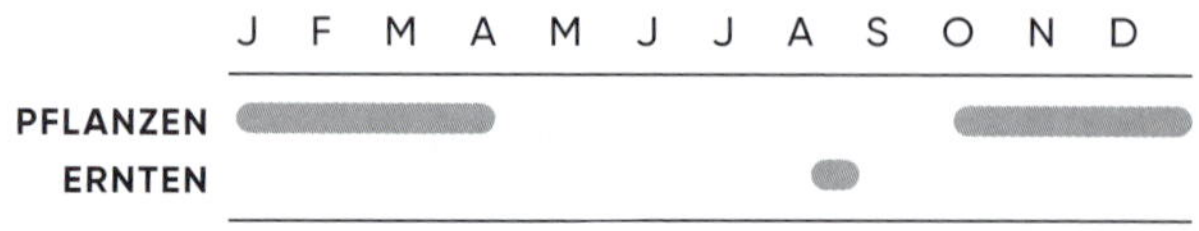

VOM EINPFLANZEN BIS ZUR ERNTE
1–4 Jahre

SORTEN

'Brown Turkey' – schnellwüchsig, ertragreich, vollreif hervorragender Geschmack

'Rouge de Bordeaux' – dunkelviolette Früchte, exquisiter Geschmack

'Panachée' – wüchsig, lebhaft grün-cremefarben gestreift, braucht eine geschützte Lage

'Violetta' – gute Winterhärte, bayerische Züchtung, dunkelviolett, voll im Geschmack

HERKUNFT

Asien und Südeuropa, braucht viel Sonne

WÄCHST AUCH IN

Zonen 1 und 3

WINTERHÄRTE

Die robustesten Sorten vertragen bis zu –15 °C

LEBENSZYKLUS

Mehrjährig

ERTRAG

★★★/☆☆☆☆☆

AUFWAND

8/10

Eine Feige im eigenen Garten vom Baum zu pflücken – was kann man mehr wollen? Vollreif sind die exotischen Früchte der perfekte Obstgenuss. Die Gehölze selbst haben einen hohen Zierwert. Ältere Exemplare tragen in milden Lagen reichlich.

'Brown Turkey' ist eine verlässlich und reich tragende Sorte für Gärten in gemäßigtem Klima. Geerntet werden müssen die Früchte aber vollreif.

Basics

Einpflanzen Weisen Sie Feigen einen sonnigen Platz in durchlässigem, mit Gartenkompost oder reifem Stallmist angereichertem Boden zu.

Schnitt Feigen müssen nicht geschnitten werden, eignen sich aber hervorragend als Fächerspalier vor Mauern und Zäunen (siehe S. 74–75). Schaffen Sie schon von Anfang an durch Erziehung ein Grundgerüst. Bei älteren Bäumen dünnt man jährlich zum Frühjahrsende aus.

Ernte Geerntet wird, sobald die Früchte weich und saftschwer sind. Da sie nicht lange halten, müssen sie bald gegessen werden.

Erfolgsgeheimnisse

Im Winter brauchen die meisten Feigen Frostschutz, indem man sie nach drinnen bringt oder in Vlies und Stroh einpackt.

Bei Topffeigen können die Früchte im Folientunnel oder Gewächshaus voll ausreifen.

Freilandbäume sollte man nicht zu groß werden lassen. Begrenzen Sie ihren Wurzelraum, indem Sie die Wände des Pflanzlochs mit Pflasterplatten auskleiden.

Überschüsse können eingefroren, zu Marmelade verarbeitet oder getrocknet werden.

Zwicken Sie die Triebspitzen im Juni ab, damit sich genug Früchte bilden, die in unreifem Zustand überwintern.

Die Vermehrung erfolgt mit Steckhölzern oder niedrigen Ästen, die bei Bodenkontakt wurzeln.

Mönchsbart

Salsola soda

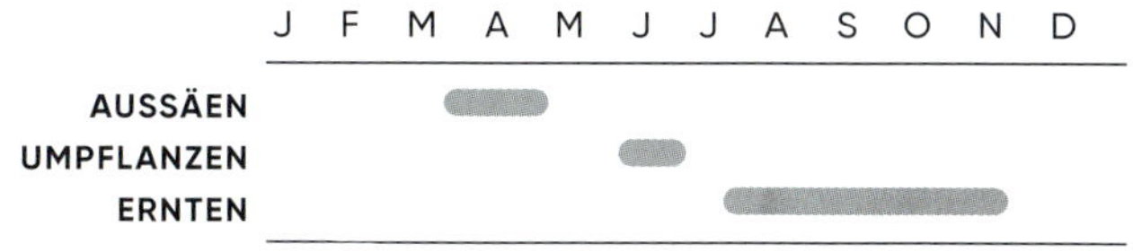

VON DER AUSSAAT BIS ZUR ERNTE
16–20 Wochen

SORTEN
Die Samen werden auch unter der Bezeichnung ***Agretti*** und ***Salzkraut*** angeboten. Die nah verwandte Art *S. komarovii* kann ebenfalls verwendet werden.

HERKUNFT
Stark durchlässige, maritime Lagen im Mittelmeerbecken

WÄCHST AUCH IN
Zonen 1 und 3 – sofern nicht staunass

WINTERHÄRTE
Nicht ganz winterhart – verträgt nur leichten Frost

LEBENSZYKLUS
Einjährig

ERTRAG
★★★★/☆☆☆☆☆

AUFWAND
8/10

In Italien und Griechenland ist Mönchsbart eine Delikatesse, doch auch in anderen Ländern beginnt man ihn zu schätzen. Die Art ist nach dem Einwachsen sehr trockenheits- und hitzeverträglich und kann die Qualität salziger Böden verbessern. Ihre sukkulenten Blätter schmecken roh wie gekocht.

Basics

Aussaat Die korkigen Samen werden im Frühjahr im Haus 1 cm tief in Töpfe gesät. Sobald die Sämlinge groß genug sind, kommen sie in kleine Einzeltöpfe, bleiben aber drinnen, bis kein Frost mehr droht.

Einpflanzen Mönchsbart braucht einen sonnigen Platz mit durchlässigem Boden, den er Ende Mai oder Anfang Juni beziehen darf. Im Jahr danach erscheinen manchmal selbst ausgesäte Pflanzen – sie sind trockenheitsverträglicher als Setzlinge.

Ernte Wässern Sie Topfexemplare, bis sie relativ groß sind. Für eine gute Ernte werden die Triebspitzen regelmäßig abgezwickt.

Dank der fleischigen, nadelfeinen Blätter gedeiht Mönchsbart in trockenen Böden.

Erfolgsgeheimnisse

Sie können Saatgut kaufen oder eigenes von Pflanzen aus dem letzten Jahr nehmen.

Um ganzjährig ernten zu können, lässt man Mönchsbart im Gewächshaus oder Folientunnel, denn er verträgt nur geringen Frost.

Wird Mönchsbart nach dem letzten Frost direkt ausgesät, bekommt man besonders trockenheitsverträgliche Pflanzen.

Durch regelmäßiges Entspitzen der Triebe bekommt man zarten Wuchs und regt die Pflanzen zur Bildung von Seitentrieben an.

Samen werden voll ausgereift und braun gesammelt. Die Aussaat erfolgt im Frühjahr.

In Olivenöl gedünstet und mit Zitronensaft abgeschmeckt ist Mönchsbart ein Genuss.

Gänsefüße

Chenopodium

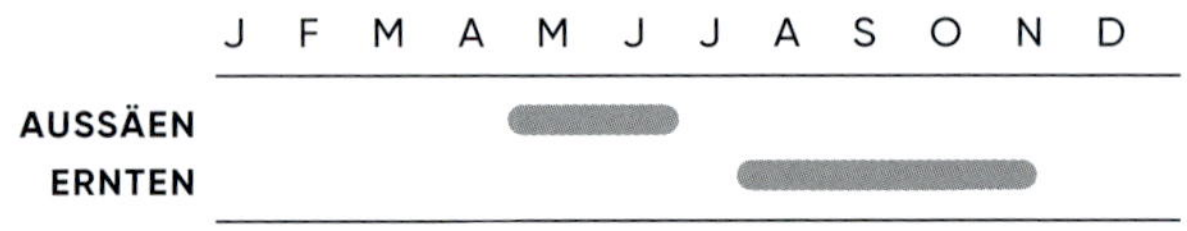

VON DER AUSSAAT BIS ZUR ERNTE
10–20 Wochen

ARTEN

C. album – Weißer Gänsefuß; viele graugrüne, wächserne Blätter

C. berlandieri – Berlandier-Gänsefuß; brokkoliartige Samenstände

C. bonus-henricus – Guter Heinrich; mehrjährig, wird wegen seines Laubs kultiviert

C. giganteum –Baumspinat; auffallend violette Triebe

HERKUNFT

Gemäßigte und tropische Klimazonen

WÄCHST AUCH IN

Zonen 1 und 3

WINTERHÄRTE

Je nach Art unterschiedlich

LEBENSZYKLUS

Überwiegend einjährig, meist einjährig gezogen

ERTRAG

★★★★★/☆☆☆☆☆

AUFWAND

9/10

Berlandier-Gänsefuß (links), Guter Heinrich (Mitte) und Baumspinat (rechts) sind gute Blattgemüselieferanten in trockenen Lagen.

Gänsefuß-Arten bescheren uns reichlich zartes Blattgemüse mit vielen Vitaminen. Mehrere Arten werden auch wegen ihrer eiweißhaltigen Samen kultiviert. Sie säen sich alle bereitwillig selbst aus, sofern die Bedingungen stimmen. Sie kommen mit Trockenheit gut zurecht.

Basics

Aussaat Ausgesät wird drinnen in große Topfplatten – oder direkt ins Freiland, sofern man hohe Erträge erzielen will. Dazu harkt man das Beet nach dem letzten Frost und sät in Reihen mit 30–40 cm Abstand aus.

Pflege Dünnen Sie die Sämlinge auf 20–30 cm Abstand aus. Bei Trockenheit wässern. Im Sommer ist kein zusätzliches Wasser mehr nötig, doch kann es den Ertrag steigern.

Ernte Sobald die Triebe von Berlandier-Gänsefuß, Gutem Heinrich und Baumspinat etwas höher sind, werden ihre Spitzen abgezwickt. Die Samen von Berlandier-Gänsefuß erntet man, solange sie noch grün sind. Vor dem Kochen in Wasser einweichen.

Erfolgsgeheimnisse

Für die Aussaat unter Glas stellt man den Anzuchtkasten auf 16–18 °C ein. Auch eine Verwertung als Babysalat ist möglich.

Gänsefüße vertragen keine Störung ihres Wurzelraums – sie müssen ausgepflanzt werden, bevor es ihnen im Gefäß zu eng wird.

Regelmäßige Ernte liefert kontinuierlich zarte, weiche Seitentriebe.

Wer größere Mengen verzehren will, sollte Gänsefüße kochen, es senkt den Gehalt an Saponin und Oxalsäure.

Lassen Sie ein paar Exemplare Samen ansetzen, um Saatgut zu gewinnen.

Samenstände kann man in Tüten stecken, um die Samen auffangen zu können.

Trauben

Vitis

	J	F	M	A	M	J	J	A	S	O	N	D
EINPFLANZEN	●	●	●								●	●
ERNTEN									●	●		

VOM EINPFLANZEN BIS ZUR ERNTE
1–3 Jahre

SORTEN

'Isabella' – Tafeltraube, hoher Ertrag, Erdbeergeschmack, rosa, mit Kernen

'Siegerrebe' – goldene Kerne, milder Muskatgeschmack, als Wein- und Tafeltraube

'Boskoop Glory' – blaue Traube mit wenig Kernen, deshalb gute Tafeltraube, widerstandsfähig gegen Mehltau

'Chardonnay' – beliebte Traube für die Weinherstellung, weiß, mit Kernen

HERKUNFT

Warme Sonnenhänge mit stark durchlässigen Böden in Europa, dem Nahen Osten und in Südwestasien

WÄCHST AUCH IN

Zonen 1, 3 und 4 – in kühleren Zonen nur robuste weiße Sorten pflanzen

WINTERHÄRTE

Winterhart

LEBENSZYKLUS

Mehrjährig

ERTRAG

★★★★/☆☆☆☆☆

AUFWAND

7/10

Trauben erinnern an sonnige Ferien und geselliges Beisammensein am Abend. Ganz gleich, ob man eine Sorte anbaut, aus der man Wein machen kann, oder eine Tafeltraubensorte anbaut, dank ihrer robusten, unkomplizierten Natur und ihres reichen Fruchtansatzes machen sie lange Zeit Freude.

Basics

Einpflanzen In Winterruhe in stark durchlässige, gut vorbereitete Böden. Einzelexemplare können an einer Pergola hochgezogen, mehrere in einer Reihe platziert werden.

Schnitt Geschnitten wird im Spätwinter, vor dem Austrieb. Wichtig ist ein gutes Astgerüst. Im Sommer stutzt man die neuen Triebe etwas, um das Wachstum zu begrenzen.

Ernte Ernten Sie die Trauben im Herbst, wenn der Zuckergehalt am höchsten ist, am besten mit einer Gartenschere. Man kann sie frisch genießen oder zu Saft pressen.

Erfolgsgeheimnisse

Reben stehen gern exponiert, denn für süße Trauben brauchen sie Sonne.

Junge Weinblätter sind essbar. Oft schlägt man pikante Füllungen in sie ein.

Reduziert man die Zahl der Fruchtansätze, werden die verbliebenen größer.

Lassen Sie Tafeltrauben an hohen, Weintrauben an niedrigen Stützen wachsen.

Mehltau an Tafeltrauben ist ein Qualitätskiller. Pflanzen Sie resistente Sorten.

Reben begeistern durch strahlende Herbstfärbung – geschnitten werden sie in Winterruhe, damit sie nicht »bluten«.

Viel Sonne, Wärme und fruchtbare, stark durchlässige Böden lassen Trauben besser reifen und erhöhen den Zuckergehalt.

Artischocken

Cynara cardunculus f. *scolymus*

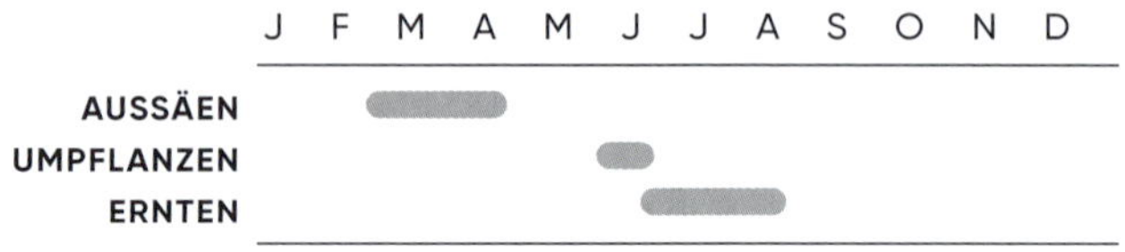

VON DER AUSSAAT BIS ZUR ERNTE
68–72 Wochen

SORTEN

'Green Globe' – wird häufig angebaut, große, runde grüne Knospen

'Violet de Provence' – dekorativ, nicht winterhart, violett getönte Knospen

'Gros Vert de Lâon' – wüchsige alte Sorte, große grüne Herzen

C. cardunculus – Wilde Artischocke, Kardone; Triebe blanchiert essbar

HERKUNFT

Sonnige, heiße Lagen mit stark durchlässigen Böden im Mittelmeerraum

WÄCHST AUCH IN

Zonen 1 und 3

WINTERHÄRTE

Nur in milden Lagen winterhart, etwa in Weinbaugebieten

LEBENSZYKLUS

Mehrjährig

ERTRAG

★★/☆☆☆☆☆

AUFWAND

8/10

Die dekorativen, riesigen strukturgebenden Artischocken sind distelartige Pflanzen, die wir gern im Garten sehen. Ihre stahlgrauen Blätter werden im Frühsommer von dicken, runden Blütenknospen überragt. Man isst sie mit Butter oder Sauce hollandaise. Nicht minder köstlich sind die Stängel, die man blanchiert isst.

Basics

Aussaat Ausgesät wird im Frühjahr im Haus einzeln in 9-cm-Töpfe. Mit dem Abhärten kann man erst beginnen, wenn kein Frost mehr droht. Dann dürfen die Pflanzen ins Freie umziehen.

Einpflanzen Arbeiten Sie reifen Stallmist oder eine andere organische Substanz in den Boden ein. Jedes Exemplar braucht etwa 1 m^2 Platz. Bis Artischocken gut eingewachsen sind, müssen sie gewässert werden. Ältere Pflanzen brauchen kaum Pflege.

Ernte Die Knospen werden geerntet, sobald sie ihre endgültige Größe erreicht haben, aber noch geschlossen sind. Kleinere Knospen an Seitentrieben bilden sich nach den endständigen Knospen. Stängel bleicht man drei Wochen in Kartonröhren.

Erfolgsgeheimnisse

Ausgesäte Pflanzen brauchen ein Jahr, bis sie knospen. Wer es eilig hat, kauft Setzlinge.

Schützen Sie frischen Austrieb vor gefräßigen Schnecken.

'Green Globe' ist eine trockenheitsverträgliche Sorte mit hervorragendem Geschmack.

Bienen fliegen Artischocken mit Vorliebe an – die großen, violetten, distelartigen Blüten öffnen sich im Hochsommer.

Holzige Triebe im Spätsommer zurückschneiden.

Artischocken werden alle paar Jahre im Herbst oder Frühjahr geteilt, damit sie weiter Knospen ansetzen.

Eine Decke aus Mulch schützt Artischocken im Winter vor dem Erfrieren.

Amarant

Amaranthus

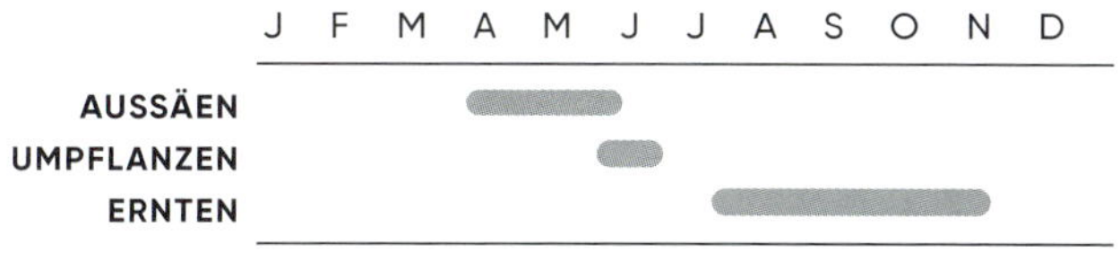

VON DER AUSSAAT BIS ZUR ERNTE
2 Wochen (Laub), 24 Wochen (Samen)

SORTEN

'Red Army' – zahlreiche auffallende rubinrote Blätter und Blütenstände

'Hot Biscuits' – die Blätter sind eine traditionelle Zutat für Callaloo; braune Blütenstände

'Dreadlocks' – dekoratives, üppiges Laub, violette, kugelige Blüten

HERKUNFT
Karibische und mittelamerikanische Tropen – Amarant war schon bei den Azteken als Getreide bekannt

WÄCHST AUCH IN
Zonen 1 und 3 – falls es dort ausreichend warm ist

WINTERHÄRTE
Frostempfindlich

LEBENSZYKLUS
Einjährig

ERTRAG
★★★★/☆☆☆☆☆

AUFWAND
8/10

In der karibischen Küche werden die Blätter von Amarant für das Eintopfgericht Callaloo verwendet. Die Pflanzen wachsen rasch und brauchen viel Wärme. Sie sind ausgesprochen dekorativ. Um proteinreiche Samen zu ernten, muss man die Pflanzen blühen lassen.

Basics

Aussaat Die Samen werden unter Glas ausgesät, aber nicht abgedeckt. Später kommen die Sämlinge in Einzeltöpfe. Nach dem letzten Frost ist auch Aussaat im Freien möglich. Die Saatrillen sollten 30 cm Abstand haben, die Sämlinge werden auf 20 cm ausgedünnt.

Bis Amarant gut eingewachsen ist, müssen die Jungpflanzen bei Regenmangel gut gewässert werden. Ältere Exemplare hingegen kommen gut mit Trockenheit zurecht.

Ernte Zwicken Sie Triebspitzen und Seitentriebe ab, wenn Sie die Blätter als Gemüse nutzen. Wer Samen ernten will, entspitzt ab Anfang Juli keine Triebe mehr und stützt die Pflanzen, falls sie zu kopflastig werden.

Erfolgsgeheimnisse

Im Haus keimen die Samen am besten bei 18–22 °C.

Direkt ausgesäte Kulturen vertragen Wassermangel besser als umgepflanzte Setzlinge.

Ausgedünnte Pflanzenteile und überschüssige Sämlinge sind essbar. Die Sprossen haben eine außerordentlich hohe Nährstoffdichte.

Amarant (hier 'Red Army') kann als Blattgemüse verwertet werden, doch kann man ihn auch ausreifen lassen und die Samen ernten.

Wer Blätter ernten will, entspitzt die Triebe.

Ernten Sie die kompletten Samenstände, sobald Samen herauszufallen beginnen. Sie werden getrocknet, dann gedroschen.

Um Saponine herauszuwaschen, spült man die Samen, bis sich kein Schaum mehr bildet.

Zehn weitere Gartenstars

Rote Gartenmelde

Die rote Form (*Atriplex hortensis* var. *rubra*) der einjährigen Gartenmelde hat einen hohen Zierwert, ist aber nicht ganz winterhart. Sie sät sich bereitwillig selbst aus und wird am besten direkt ausgesät. Wer sie ernten will, zwickt die Triebspitzen ab, doch um Samen zu gewinnen, muss man sie ausreifen lassen. Es gibt auch grüne Formen.

Knoblauch

Zehen von *Allium sativum* werden 5 cm tief in stark durchlässige Erde gesteckt. Bei Pflanzung im Frühjahr ist mit geringerem Ertrag und kleineren Knollen zu rechnen, dafür kann man die grünen Blätter wie Frühlingszwiebeln nutzen. Mein Favorit ist die früh reifende Sorte 'Rhapsody Wight'.

Oregano

Das Kraut aus dem Mittelmeerraum ist außerordentlich trockenheitsverträglich, vor allem *Origanum majorana* und *O. dictamnus*. Es gehört neben Thymian zu den vielseitigsten Küchenkräutern überhaupt und lässt sich gut trocknen.

Oca

Die hübsche Südamerikanerin, auch Knolliger Sauerklee (*Oxalis tuberosa*) genannt, ist nicht winterhart. Sie bildet viele knotige Knollen und kleeartiges Laub. Man muss vor dem ersten Frost ernten. Auch als Bodendecker in Ziergärten hat sich die Pflanze bewährt.

Neuseeländer Spinat

Die wüchsige Staude aus Ozeanien ist nicht winterhart und wird bei uns deshalb einjährig kultiviert. Sie kommt in ihrer Heimat an Küsten vor, insbeson-

Die Blüten von Oregano (links) locken Bestäuber an. Eine farbenfrohe Salatzutat ist die Rote Gartenmelde (rechts).

Meerkohl (links) kann im Frühjahr vorgetrieben werden, Mohn (Mitte) liefert Mohnsamen und Oca (rechts) verspricht reiche Herbsternte.

dere auf Dünen, wo sie einen Teppich aus pfeilförmigen Blättern bildet. Zwickt man Triebspitzen regelmäßig ab, bekommt man schmackhaftes Laub.

Topinambur

Helianthus tuberosus ist eine winterharte Staude aus der Neuen Welt. Sie wird bis zu 2 m hoch und lässt sich gut als Wind- oder Sichtschutz einsetzen. Ihre Knollenbündel werden im Spätherbst geerntet. Man lässt sie möglichst lange im Boden, da sie sich nicht gut lagern lassen. Manche Sorten, etwa 'Fuseau', öffnen viele Blüten und sind daher als Bestäuberpflanze nützlich.

Meerkohl

Die winterharte Staude mit dem botanischen Namen *Crambe maritima* kommt an Europas Küsten vor und verträgt Trockenheit. Sie hat mit ihren bereiften Blättern und Blüten in Doldentrauben einen hohen Zierwert. Meerkohl wird im Frühjahr unter großen Töpfen vorgetrieben, die man im Frühsommer abnimmt, damit sich die Pflanzen erholen können.

Schlafmohn

Der winterharte einjährige Schlafmohn (*Papaver somniferum*) liefert eiweißreiche Samen. In Deutschland ist der Anbau von Schlafmohn genehmigungspflichtig.

Füllhorn-Fedie

Fedia cornucopiae ist eine unempfindliche Einjährige, die bis zu 30 cm hoch wird und viel Hitze und Trockenheit verträgt. Geerntet werden die frischen Blätter für Salate. Lässt man Exemplare ausreifen, bekommt man rosa Blütenstände und Samen für das nächste Jahr.

Taubenkropf-Leimkraut

Die heimische anspruchslose Staude verträgt Trockenheit und pralle Sonne. Ihre Blüten erscheinen den ganzen Sommer lang. Will man Taubenkropf-Leimkraut (*Silene vulgaris*) in der Küche verwerten, sollte man die jungen Triebe vor der Blüte pflücken. In Italien als »Strigoli« bekannt, passen sie in Suppen, Salate und Nudelgerichte.

Projekt:

Stützen für windige Standorte

Nur weil ein Garten exponiert ist, heißt das nicht, dass man dort kaum etwas anbauen kann. Besetzen Sie ihn mit Pflanzen, die Wind vertragen, etwa hohen Obstbäumen. Sie brauchen anfangs aber eine gute Stütze. Gute Dienste leisten sie vor allem in Kleingärten, in denen gemäß Satzung vor allem Obst und Gemüse kultiviert werden soll.

Es gibt zahlreiche Obstbäume, die mit offenen, windigen Standorten kein Problem haben. In den ersten Jahren muss man höhere Exemplare eventuell stützen, bis sie Fuß gefasst haben, doch irgendwann wird man mit kräftigen Bäumen belohnt, die gute Ernte bringen. Das hier vorgestellte niedrige Stützsystem ist ideal für die unten aufgelisteten Nutzpflanzen mit einem einzigen Stamm (mehrstämmige Gewächse sind in der Regel nicht so kopflastig). Bedecken Sie die Erde auf dem Wurzelraum nach dem Einpflanzen mit einer dicken Schicht aus organischem Mulch, um die Wasserverdunstung zu reduzieren.

Obstgehölze für windige Lagen:

Kriechenpflaume (*Prunus domestica* subsp. *insititia*)
Schlehe (*Prunus spinosa*)
Pflaume (*Prunus domestica*)
Holunder (*Sambucus nigra*)
Holzapfel (mehrere *Malus*-Arten)
Felsenbirne (*Amelanchier*)
Sanddorn (*Hippophae rhamnoides*)

Beerensträucher:

Brombeeren und Himbeeren (*Rubus*)
Taybeeren , Loganbeeren (Hybriden verschiedener Arten)
Schwarze Johannisbeeren (*Ribes nigrum*)
Stachelbeeren (*Ribes uva-crispa*)

Sie brauchen

Spaten
2 Pflöcke
Holzhammer oder Pfostenramme
Querstrebe aus Holz
Baumbinder
Bohrmaschine und Schrauben

Schritt für Schritt

1 Obstgehölze im Winterhalbjahr zwischen Herbst und Frühjahr pflanzen; der Boden darf weder gefroren noch staunass sein. Verdichtete Wurzeln von Ballenware behutsam lockern. Die Wurzeln wurzelnackter Gehölze fächerartig ausbreiten.

2 Erde zwischen die Wurzeln füllen und leicht festdrücken. Der Wurzelhals des Gehölzes muss sich auf Bodenniveau befinden. Mulchen.

3 Mit einem Holzhammer oder einer Ramme zwei Pfosten zu beiden Seiten des Baums mindestens 40 cm tief einschlagen.

4 Querstrebe am oberen Ende der Pfosten so befestigen, dass der Stamm daran anliegt.

5 Baumbinder um den Stamm legen.

6 Die Enden des Baumbinders an die Querstrebe schrauben. Baumbinder mit zunehmendem Dickenwachstum des Baums lockern.

Tipp

Wenn Sie eine Reihe aus Beerensträuchern pflanzen möchten, wählen Sie aus der Liste links Ihre Favoriten aus, und passen Sie das System von S. 74–75 entsprechend an, indem Sie die Drähte zwischen Pfosten spannen.

Diese Zone ist ideal für alle »Schwergewichte« unter den Nutzpflanzen, die mächtig zulegen, sobald die Temperaturen es zulassen. Wenn reichlich Sonne, Wärme und Feuchtigkeit vorhanden sind, wachsen sie, was das Zeug hält. So kann man Zucchini, Winterkürbissen, Melonen und Gurken förmlich beim Größerwerden zusehen. Auch im Boden tut sich einiges: Stechen Sie die Grabgabel zum Saisonende tief ins Erdreich und holen Sie Kartoffeln, Daikon-Rettich und Yacón heraus, um sie gemeinsam mit Dahlien und dem Indischen Blumenrohr ins Winterlager zu verfrachten. Auch Hülsenfrüchte wie Garten- und Helmbohnen liefern nun großzügig. Kurzum: Machen Sie sich auf eine üppige Ernte gefasst.

Zone 3

Sonnig und feucht

Winterkürbisse

Cucurbita

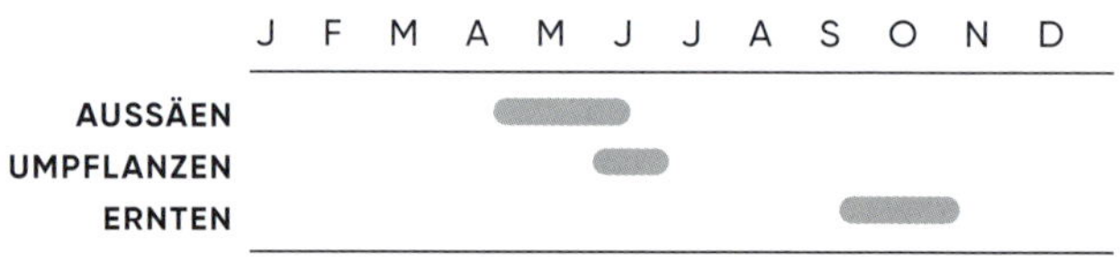

VON DER AUSSAAT BIS ZUR ERNTE
22–26 Wochen

SORTEN

'Crown Prince' F1 – große Früchte mit bis zu 25 cm Durchmesser, Schale blau, Fleisch orange

'Hunter' F1 – setzt viele Butternut-Kürbisse mit 20–40 cm Länge an, Fleisch kräftig orange

'Rouge Vif D'Etampes' – Durchmesser 35–45 cm, sattes Orange

'Uchiki Kuri' – viele kleine Kürbisse 15–25 cm, Fleisch und Schale orange

HERKUNFT

In Mittelamerika zu Hause, wird in tropischen wie gemäßigten Klimazonen angebaut

WÄCHST AUCH IN

Zone 1

WINTERHÄRTE

Frostempfindlich

LEBENSZYKLUS

Einjährig

ERTRAG

★★★★★/☆☆☆☆☆

AUFWAND

9/10

Eine wichtige Gattung. Sie liefert hohe Erträge, sofern ihr Hunger und Durst gestillt werden. Das nussige Fleisch schmeckt köstlich. Ist Platz Mangelware, kann man ihre Wuchskraft begrenzen.

Basics

Aussaat Im Frühjahr drinnen einzeln und 3–4 cm tief in Töpfe oder große Module von Topfplatten aussäen. Sobald die Sämlinge groß genug sind, werden sie abgehärtet. Auch Direktaussaat ab Mai ist möglich.

Einpflanzen In das Beet viel reife organische Substanz einarbeiten und Pflänzchen mit 1 m Abstand setzen. Die nächsten Wochen großzügig wässern. Aus der Reihe tanzende Triebe ins Beet zurückführen.

Ernte Geerntet wird, sobald die Kürbisse reif sind und ihre endgültige Farbe haben. Schneiden Sie ein Stück des Stiels mit ab. An einem frostfreien Platz lagern.

Erfolgsgeheimnisse

Mit umgedrehten, in den Boden gesteckten Flaschen versorgt man die Pflanzen kontinuierlich mit Wasser.

'Uchiki Kuri' (ganz oben) und 'Hunter' (oben) legen kräftig zu, wenn sie genug Wärme und Feuchtigkeit bekommen.

Die Pflanzen nehmen weniger Platz weg, wenn man sie an Stützen hochwachsen lässt.

Pappkartons auf die Beete legen und die Setzlinge in Löcher im Karton pflanzen – das erspart einem das Unkrautjäten.

Kompakte Sorten sind 'Butterbush', 'Amazonka' und 'Table King'.

Die Schale wird für den Winter gehärtet, indem man die Früchte in die Sonne legt.

Junge Triebspitzen lassen sich dünsten.

Gartenbohnen

Phaseolus vulgaris

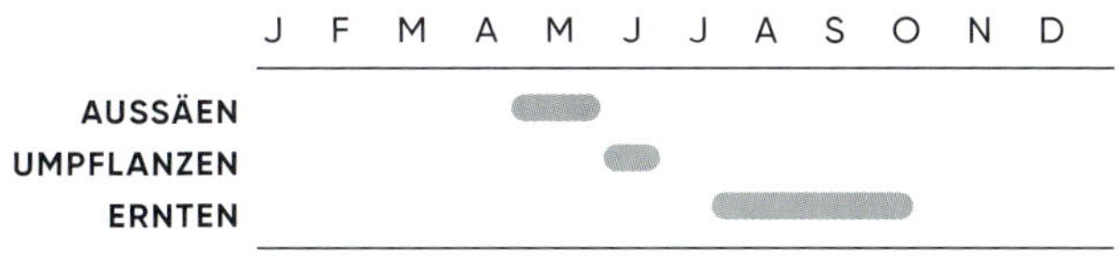

VON DER AUSSAAT BIS ZUR ERNTE
16–20 Wochen

SORTEN

'Cobra' – ertragreich, kletternd, viele mittelgrüne Hülsen

'Delinel' – Buschbohne, hohe Qualität, dünne grüne Hülsen

'Lingua di Fuoco' – kletternde Borlotti-Bohne, zum Trocknen, weiße und rote Hülsen

'Sonesta' – ertragreiche Wachsbohne, gelbe Hülsen, buttrig, wohlschmeckend

HERKUNFT

Neue Welt, wird heute in allen wärmeren Regionen angebaut

WÄCHST AUCH IN

Zone 1

WINTERHÄRTE

Frostempfindlich

LEBENSZYKLUS

Einjährig

ERTRAG

★★★★/☆☆☆☆☆

AUFWAND

7/10

Die Gartenbohne gehört dank ihrer Vielseitigkeit und ihres Ertragreichtums zu den beliebtesten Gemüsearten der Welt. Die saftigen, süßen Hülsen in allerlei Farben sind eine gefragte Zutat. Ihre Samen lassen sich trocknen.

Basics

Aussaat 2–3 cm tief und einzeln in Töpfe mit 9 cm Durchmesser im Frühjahr im Haus. Sie bleiben drinnen, bis kein Frost mehr zu erwarten ist, dann werden sie abgehärtet.

Einpflanzen Weisen Sie den Setzlingen einen sonnigen Platz im Garten zu. In die Erde sollte organische Substanz eingearbeitet worden sein. Buschbohnen brauchen 30 cm Abstand in Reihen, Kletterbohnen 30 cm im Kreis oder einer Doppelreihe. Pro Stange ein Setzling; Stangenhöhe 2,5 m.

Ernte Sobald die Hülsen groß genug sind, werden sie vorsichtig abgezupft. Regelmäßiges Abernten fördert den Neuansatz von Hülsen.

Erfolgsgeheimnisse

Buschbohnen tragen schubweise, Kletterbohnen kontinuierlich den ganzen Sommer.

In kalten, nassen Böden droht Wurzelfäule. Im Frühjahr mit Abdeckungen vorwärmen.

Neupflanzungen werden gemulcht, um die Verdunstung von Bodenfeuchtigkeit zu senken. Bis zum Einwachsen gut wässern.

Sobald die Buschbohnen tragen, kann ein zweiter Satz ausgesät werden.

Will man Bohnen trocknen, erntet man die Hülsen erst, wenn sie groß und prall sind.

Getrocknete Bohnen über Nacht einweichen und anschließend 20 Minuten kochen.

In Zone 3 liefern die Zwergsorten 'Polka' (links) und 'Yin Yang' (rechts) hohe Erträge.

Asia-Kohl

Brassica

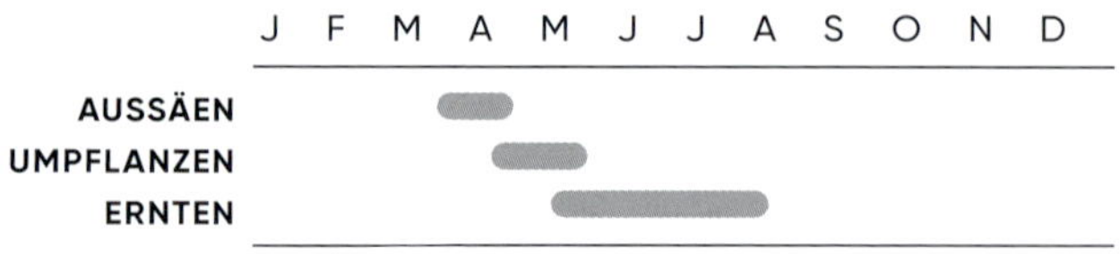

VON DER AUSSAAT BIS ZUR ERNTE
6–10 Wochen

ARTEN

Choi Sum – große, spatelförmige, glänzende grüne Blätter, gelbe Blütenstände

Kai-Lan – auch Chinesischer Brokkoli genannt, blau bereifte, große Blätter, weiße Blütenstände

HERKUNFT

Feuchtwarme Regionen in Asien

WÄCHST AUCH IN

Zonen 1 und 5

WINTERHÄRTE

Frostempfindlich

LEBENSZYKLUS

Einjährig

ERTRAG

★★★/☆☆☆☆☆

AUFWAND

7/10

Sowohl Choi Sum (links) als auch Kai-Lan (rechts) legen unter sonnigen, feuchten Bedingungen rasch zu.

Diese unter optimalen Bedingungen nach nicht einmal zwei Monaten erntereifen Pflanzen sind ein Geschenk für Liebhaber von asiatischem Kohlgemüse. Aus ihnen lassen sich zarteste Gemüsegerichte zaubern. Sie brauchen jedoch viel Feuchtigkeit.

Basics

Aussaat Wer früh ernten will, sät auch früh im Haus in Topfplatten aus, am besten 1–2 Samen pro Modul. Im März oder April kommen die Setzlinge mit 30 cm Abstand unter Abdeckungen ins Freiland. Sie müssen vor Schnecken geschützt werden.

Hat sich der Boden im Frühjahr erwärmt, ist auch die Direktsaat im Freiland möglich. Dazu eine 5 cm tiefe Rille ziehen und Samen mit 1–2 cm Abstand hineinsäen. Später werden sie auf 30 cm Abstand ausgedünnt. Die ausgezupften Pflänzchen sind essbar.

Ernte Ein paar Blätter können bereits vorab geerntet werden, doch lässt man noch genug stehen, damit ein Neuaustrieb erfolgt. Die brokkoliartigen Blütentriebe werden am besten geerntet, bevor sich die Blüten öffnen.

Erfolgsgeheimnisse

Das Blattgemüse mag es kühl – für die Herbsternte wird im Spätsommer ausgesät.

Feuchtwarmes Wetter ruft Schnecken auf den Plan. Sie müssen dezimiert werden.

Ein organischer Mulch hält den Wurzelraum feucht und sorgt für optimalen Ertrag.

Trockenstress ist nicht gut. Vor allem Wassermangel im Sommer schadet.

Man kann die Pflanzen wie Pflücksalat ernten oder in Ruhe lassen, damit sie Blütentriebe ansetzen.

Der verwandte Rübstiel eignet sich ebenfalls für Zone 3.

Zucchini und Sommerkürbisse

Cucurbita pepo

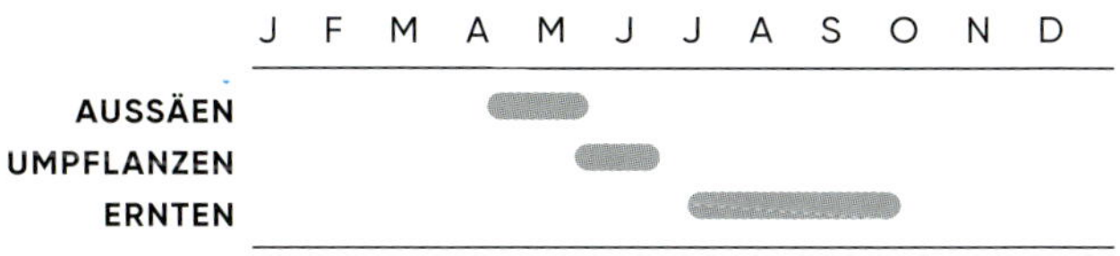

VON DER AUSSAAT BIS ZUR ERNTE
12–16 Wochen

Zucchini und Sommerkürbisse gibt es in verschiedensten Formen und Farben. Ältere Pflanzen tragen reich, vor allem nach Sommerregen.

SORTEN

'Defender' F1 – ertragreich, Zucchini mit dunkelgrüner Schale

'Coucourzelle' – italienische Zucchini, bildet viele, mittel- und dunkelgrün gestreifte Früchte

'Gold Rush' F1 – sehr ertragreiche gelbe Zucchini, robust und krankheitsresistent

'Sunburst' F1 – hübscher gelb-oranger Patisson-Kürbis

HERKUNFT

Zucchini wurden in Südamerika aus wilden Kürbissen gezüchtet. Sie brauchen feuchte, warme, fruchtbare Böden

WÄCHST AUCH IN

Zone 1

WINTERHÄRTE

Frostempfindlich

LEBENSZYKLUS

Einjährig

ERTRAG

★★★★★/☆☆☆☆☆

AUFWAND

8/10

Frisch geerntete Zucchini und Sommerkürbisse haben einen süßen, nussigen Geschmack, der seinesgleichen sucht. Mit ein, zwei Pflanzen ist man den ganzen Sommer hindurch gut versorgt.

Basics

Aussaat Die Samen werden im Frühjahr im Haus einzeln in 9 cm breite Töpfe gesät. Sie brauchen viel Platz und Wärme. Nach dem letzten Frost härtet man sie ab.

Einpflanzen Arbeiten Sie reichlich Gartenkompost und Langzeitdünger in den Boden ein. 1 m Abstand ist ratsam, gut wässern Pflicht, vor allem bei Trockenheit.

Ernte Die Früchte werden geerntet, sobald sie groß genug sind. Man schneidet sie mit einem scharfen Messer ab, damit die Pflanzen nicht verletzt werden. Am besten schmecken sie frisch geerntet.

Erfolgsgeheimnisse

Im Frühsommer kann auch direkt ins Freiland gesät werden, falls eine Vermehrung im Haus nicht praktikabel ist.

Stecken Sie neben jede Pflanze eine umgedrehte, wassergefüllte Flasche in die Erde.

In kleinen Gärten zieht man am besten Klettersorten wie 'Shooting Star' oder kompakte wie 'Piccolo'.

Blüten und junge Triebe von älteren Pflanzen sind essbar und können geerntet werden.

Ernten Sie die Früchte noch klein: Zum einen schmecken sie am besten, zum anderen setzt die Pflanze insgesamt mehr Früchte an.

Ist Echter Mehltau ein Problem, pflanzt man widerstandsfähige Sorten wie 'Defender'.

Brokkoli

Brassica oleracea var. *italica*

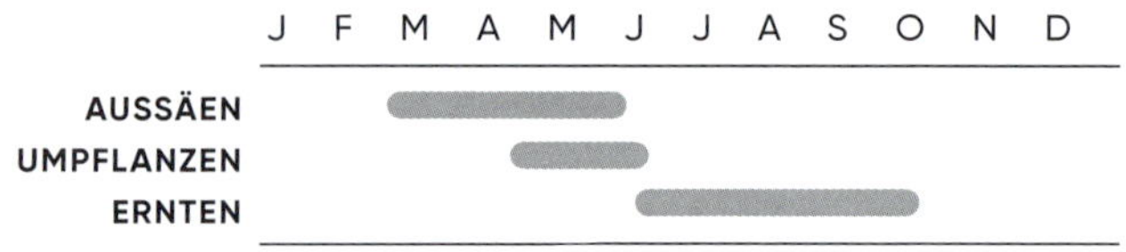

VON DER AUSSAAT BIS ZUR ERNTE
14–18 Wochen

SORTEN

'Ironman' F1 – wüchsig, ertragreich, mittelgrüne Köpfe

'Purple Rain' F1 – auffallend dekorativ, violette Köpfe

'De Cicco' – Sprossenbrokkoli: Köpfe an hohen Stangen

HERKUNFT

In Italien gezüchtet, in Amerika und Asien weiterentwickelt

WÄCHST AUCH IN

Zonen 1, 4 und 5

WINTERHÄRTE

Nicht ganz winterhart – erfriert bei strengem Frost

LEBENSZYKLUS

Einjährig

ERTRAG

★★★★/☆☆☆☆☆

AUFWAND

7/10

Brokkoli ist ein sehr beliebtes Gemüse. Es reift schnell und liefert hohe Erträge, falls die Bedingungen ihm behagen. Dank seines milden Geschmacks mögen ihn auch Kinder. Im Trend sind Sprossenbrokkoli-Sorten mit zarten Stielen.

Basics

Aussaat Die Samen kommen 1 cm tief in Topfplatten. Wenn man früh ernten möchte, ist eine Aussaat im Haus erforderlich, ansonsten kann man auch direkt säen, sobald der Boden sich ausreichend erwärmt hat. Säen Sie immer zwei Samen auf einmal. Später wird einer der beiden Sämlinge ausgezupft.

Einpflanzen Abgehärtet und ausgepflanzt werden die Setzlinge nach dem letzten Frost. Sie brauchen 30 cm Abstand zueinander bei 40 cm Reihenabstand. Gut wässern und jäten ist wichtig.

Ernte Die Köpfe kann man ernten, sobald sie groß genug, die Knospen aber noch fest geschlossen sind. Später erscheinen kleinere Seitentriebe, die man für eine zweite Ernte nutzen kann.

Erfolgsgeheimnisse

Säen Sie zwei Samen pro Modul/Topf. Der schwächere Sämling wird später entfernt.

Wer früh ernten möchte, sät im Februar aus. In Zone 1 unter Abdeckungen auspflanzen.

Mit Netzen (Maschenweite 5 mm) schützt man Köpfe vor Schmetterlingen und Vögeln.

Auch die Stiele schmecken – man kann sie schälen und roh essen oder kochen.

Brokkoli lässt sich in Gefäßen kultivieren. In einen 40-cm-Kasten passen drei Pflanzen.

Überschüsse lassen sich gut einfrieren, sie sollten aber vorher blanchiert werden.

Brokkoli bildet in Zone 3 im Nu stattliche Köpfe.

Kartoffeln

Solanum tuberosum

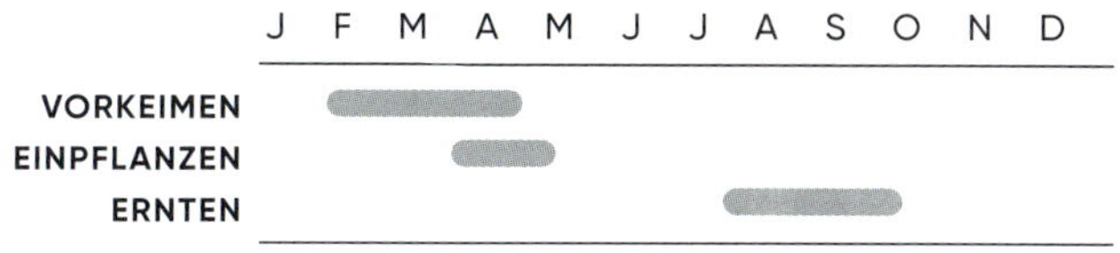

VOM EINPFLANZEN BIS ZUR ERNTE
16–28 Wochen

SORTEN

'Lady Christl' – köstlich cremig, Frühkartoffel

'Charlotte' – hervorragende Salatkartoffel, früh, aber trotzdem lagerfähig

'Sarpo Mira' – späte Sorte, widerstandsfähig gegen Schnecken und Kartoffelfäule

'Jazzy' – wohlschmeckende, gelbschalige Salatsorte, hervorragend für Gefäße

HERKUNFT
Offene, feuchte Böden in den sonnigen, warmen Regionen Südamerikas

WÄCHST AUCH IN
Zonen 1, 4 und 5

WINTERHÄRTE
Frostempfindlich

LEBENSZYKLUS
Mehrjährig, wird aber einjährig kultiviert

ERTRAG
★★★★/☆☆☆☆☆

AUFWAND
8/10

In warmer, feuchter Erde wachsen Kartoffeln kräftig (links). »Neue« Kartoffeln werden früh im Sommer (Mitte), späte im Herbst geerntet (rechts).

Die wirtschaftlich sehr bedeutsame Kartoffel ist in allen gemäßigten Regionen der Welt eine wichtige Feldfrucht. Es gibt köstlich süße, butterweiche »neue«, also frühe Kartoffeln oder späte, die geröstet, gebraten, gebacken oder zerstampft werden können.

Basics

Vorkeimen Kaufen Sie im Februar oder März zertifizierte Saatkartoffeln und legen Sie sie in Schalen, die an einen frostfreien, hellen Platz kommen, damit sie keimen.

Einpflanzen Pflanzen Sie die Knollen in gut vorbereitete Beete mit 30–40 cm Abstand oder einzeln in 30-cm-Töpfe.

Ernte Die Triebe werden immer wieder angehäufelt, damit sie mehr Knollen bilden. Topfpflanzen müssen regelmäßig gewässert werden. Geerntet werden die Knollen, sobald das Laub vergilbt und welkt.

Erfolgsgeheimnisse

Bei Frühkartoffeln lohnt sich ein Vorkeimen, denn so sind sie schneller erntereif.

Schützen Sie das Kraut mit alten Decken oder Gartenvlies an Drahtrahmen vor Frost.

Ist die Kartoffelfäule ein Problem, kultiviert man widerstandsfähige Sorten und erntet bei ersten Befallsanzeichen sofort.

Geerntet werden Kartoffeln durch vorsichtiges Heraushebeln aus der Erde mit einer Grabgabel.

Späte Kartoffeln bereitet man für das Einlagern vor, indem man sie nach der Ernte ein paar Stunden auf der Erde trocknen lässt.

Pflanzt man Saatkartoffeln noch einmal im Sommer, kann man sich über eine zweite Ernte im Herbst freuen.

Gartensalate

Lactuca sativa

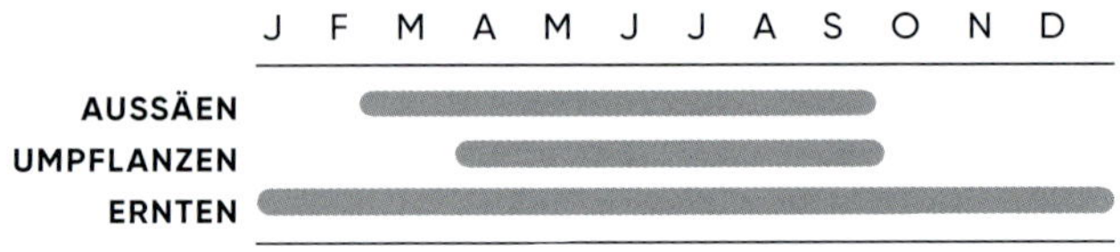

VON DER AUSSAAT BIS ZUR ERNTE
5–14 Wochen

SORTEN

'Catalogna' – wüchsiger Löwenzahnsalat, lockere grüne Köpfe, gute Standfestigkeit

'Little Gem' – ein Romanasalat, der Maßstäbe gesetzt hat, leicht anzubauen, hervorragende Qualität

'Lobjoit's Green Cos' – schmackhafter, großer, süßer, hellgrüner Romanasalat

'Gustav's Salad' – schöner, weicher Kopfsalat, herausragende Qualität

HERKUNFT

Anfänglich in Nordafrika kultiviert, heute in allen gemäßigten und tropischen Regionen präsent

WÄCHST AUCH IN

Zonen 1, 4 und 5

WINTERHÄRTE

Es gibt mehr und weniger frostempfindliche Sorten

LEBENSZYKLUS

Einjährig

ERTRAG

★★★★/☆☆☆☆☆

AUFWAND

8/10

Gartensalate gibt es in unterschiedlichsten Farben und Texturen. Sie sind im Nu erntereif – mitunter schon nach nur fünf Wochen. Die Geschmackspalette der milden, saftigen Blätter reicht von zart und buttrig bis nussig und knackig.

Basics

Aussaat Wer Kopfsalat früh ernten will, sät ihn 1 cm tief in Topfplatten im Haus vor. Pflücksalate werden in Rillen, Pflanzsäcke, Tröge oder Töpfe gesät.

Einpflanzen Sobald die Setzlinge groß genug sind, kommen sie mit 20–30 cm Abstand in Beete und werden gut gewässert. Töpfe stellt man nach draußen, sobald es warm ist. Bio-Schneckenkorn ist ratsam.

Ernte Pflücksalate werden blattweise geerntet. Anschließend wässert man die verbliebenen Köpfe und gibt ihnen Flüssigdünger, um später erneut ernten zu können. Nehmen Sie von Pflücksalaten nur die äußeren Blätter; Kopfsalate erntet man als Ganzes.

Erfolgsgeheimnisse

Säen Sie wenig, aber oft. So können Sie kontinuierlich ernten, vor allem Kopfsalate.

Setzlinge mit Ballen sind im Handel für die erhältlich, die nicht säen möchten. Auch sie können gestaffelt im Abstand von zwei Wochen ausgepflanzt werden.

An geschützten Plätzen kann man mithilfe von Pflanzglocken besonders früh ernten. Ausgesät werden muss aber im Haus.

Sommersaaten schossen, wenn sie zu wenig Wasser bekommen.

Winterharte Kopfsalate werden für die Winterernte im August gesät, Pflücksalate im September.

Falls Kopfsalate in Ihrem Garten leicht schossen, wählen Sie lieber Pflücksalate und säen Sie sie an ein schattiges Plätzchen.

In der Sonne legen Gartensalate mächtig zu, vor allem wenn sie viel Wasser bekommen.

Dahlien

Dahlia

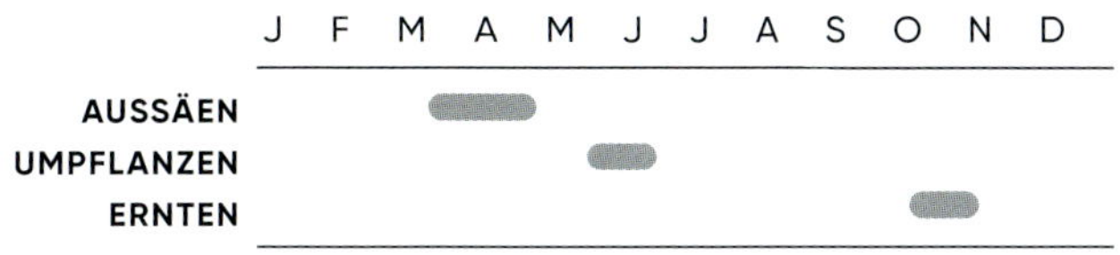

VON DER AUSSAAT BIS ZUR ERNTE
36–38 Wochen

SORTEN

'Black Jack' – dunkelrote Kaktus-Dahlie, bis 1,5 m hoch

'Isadora' – gelb-orange Kaktus-Dahlie, hoch und wüchsig

'Buga München' – Kaktus-Dahlie pink, innen gelb, wüchsig, gedrungen

'Moonfire' – kompakte Form, gelbe Blüten mit roter Mitte, ideal für Töpfe

HERKUNFT
Bergregionen in Südamerika und Mexiko

WÄCHST AUCH IN
Zone 1

WINTERHÄRTE
Frostempfindlich

LEBENSZYKLUS
Mehrjährig, geschützt überwintern oder einjährig kultivieren

ERTRAG
★★★/☆☆☆☆☆

AUFWAND
8/10

Dahlien sind nicht nur überaus dekorative Zierpflanzen, ihre Knollen sind auch ein schmackhaftes Herbstgemüse.

Mit ihrer unglaublichen Farbenvielfalt gehören Dahlienblüten zu den beliebtesten Herbstschönheiten im Garten. Dabei wurden sie ursprünglich wegen ihrer saftigen, essbaren Knollen kultiviert, die jetzt als Gemüse eine Renaissance erleben.

Basics

Vortreiben Dahlien werden in der Regel im Frühjahr aus Knollen vorgetrieben. Sie kommen einzeln in 25-cm-Töpfe, werden behutsam gewässert und warm gestellt.

Einpflanzen Nach dem letzten Frost härtet man sie ab und pflanzt sie ins Freiland. Möglich ist auch Aussaat im Frühjahr unter Glas oder Direktaussaat Mitte April bis Mitte Mai.

Ernte Zwicken Sie die Triebspitzen ab, damit die Pflanzen buschiger werden. Hohe Sorten müssen gestützt werden. Dahlien geben auch vorzügliche Schnittblumen ab. Sobald das Laub im Herbst beim ersten leichten Frost erfriert, nimmt man die Knollen auf.

Erfolgsgeheimnisse

Ausgesäte Dahlien sind ein überraschend ertragreiches, preiswertes Gemüse.

Mulchen Sie mit reifer organischer Substanz. Bei Trockenheit gut wässern.

Der Geschmack der Knollen wird mit zunehmender Lagerzeit immer besser.

Zuerst werden die Knollen geschält, dann kann man sie roh oder gekocht essen.

Die Knollen enthalten viel Inulin. Gewöhnen Sie sich langsam an den Verzehr, sonst drohen Blähungen.

Lagern Sie die Knollen an einem trockenen, frostfreien Ort. In trockenen Sand oder Kompost eingepackt halten sie länger.

Birnen

Pyrus communis

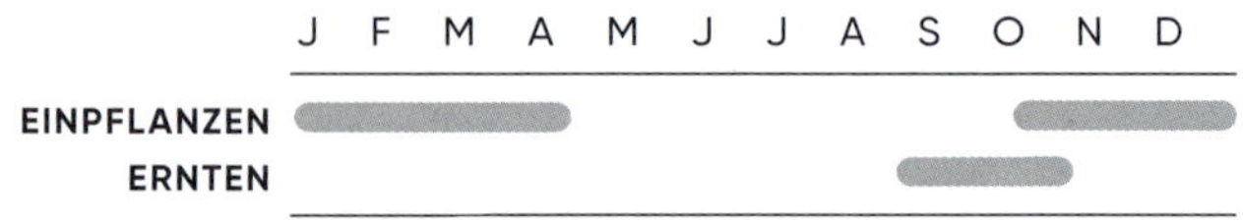

VOM EINPFLANZEN BIS ZUR ERSTEN ERNTE
1–4 Jahre

SORTEN

'Frühe von Trevooux' – trägt gut, frühe Sorte, weiches Fleisch, hervorragender Geschmack

'Conference' – mittelfrühe bis späte Sorte, bildet Früchte auch bei schlechter Bestäubung

'Williams Christ' – trägt verlässlich, mittelfrühe Sorte, zartes, süßes Fleisch

'Vereinsdechant' – späte Lagersorte, köstlich, saftig

HERKUNFT

Stammt aus Europa, in Australien und Nordamerika eingebürgert

WÄCHST AUCH IN

Zonen 1 und 5

WINTERHÄRTE

Völlig winterhart, aber die Blüten sind frostgefährdet

LEBENSZYKLUS

Mehrjährig

ERTRAG

★★★/☆☆☆☆☆

AUFWAND

7/10

Wer einmal von einer perfekt reifen Birne abgebissen hat, wird alles daran setzen, in seinem Garten einen Platz für einen Birnbaum zu finden. Im Herbst liefert er Unmengen an Früchten. Späte Sorten sind so haltbar, dass man sie noch im Winter genießen kann.

Basics

Einpflanzen Birnbäume brauchen einen sonnigen Platz in durchlässiger, umgegrabener Erde, in die Kompost oder reifer Stallmist eingearbeitet wurde. Man kann sie frei stehend oder als Spalier ziehen.

Schnitt Geschnitten wird im Winter, doch Spalierbirnen schätzen auch einen Sommerschnitt. Zunächst muss aber ein ordentliches Gerüst gebildet werden. Bei älteren Bäumen nimmt man regelmäßig einen Teil des alten Holzes heraus und dünnt Fruchttriebe aus.

Ernte Reif sind Birnen, wenn sie sich gut vom Ast lösen lassen und die Schale leicht gelb wird. Frühe Sorten isst man sofort, späte kann man nachreifen lassen.

Die Sorte 'Conference' braucht Wärme und feuchte, gut durchlässige Böden.

Erfolgsgeheimnisse

Birnbäume bilden bereitwillig Fruchttriebe, bieten sich also für die Spaliererziehung an.

Beim Kauf von Bäumen sollte man auf den Befruchtungstyp achten. Es gibt selbstbefruchtende Sorten, die meisten brauchen aber einen zweiten Baum als Pollenspender.

Pflanzen Sie Birnen nicht in Frostsenken oder wählen Sie spät blühende Sorten.

Birnen sind hungrig und für jährliche Gaben von Kompost und Hornspänen dankbar.

Späte Birnen werden in einem kühlen Schuppen, einer Garage oder im Kühlschrank gelagert. Kurz vor dem Verzehr legt man sie noch eine Weile in die Wärme.

Schneiden Sie ältere Bäume im Winter, indem Sie verdichteten Wuchs auslichten.

Knollenfenchel

Foeniculum vulgare var. *azoricum*

	J	F	M	A	M	J	J	A	S	O	N	D
AUSSÄEN						●						
ERNTEN									●	●	●	●

VON DER AUSSAAT BIS ZUR ERNTE
12–20 Wochen

SORTEN

'Dragon' F1 – wüchsige Hybride, wärmetolerant, schossfest

'Rondo' F1 – wüchsige Hybride, bildet rasch Knollen

'Zefa Fino' – Schweizer Züchtung, sehr kältetolerant und schossfest

'Mantovano' – wurde speziell für frühe Aussaat gezüchtet, schossfest, große Knollen

HERKUNFT
Fenchel hat seinen Ursprung im Mittelmeerraum. Knollenfenchel wurde aus der Wildform gezüchtet.

WÄCHST AUCH IN
Zone 1

WINTERHÄRTE
Nicht ganz winterhart – strenge Fröste machen ihm den Garaus

LEBENSZYKLUS
Zweijährig, einjährig kultiviert

ERTRAG
★★★/☆☆☆☆☆

AUFWAND
7/10

Knollenfenchel bildet streng genommen keine Knollen, sondern verdickte Stängel. Sie haben wie das Laub einen Anisgeschmack. Die ebenso dekorative wie leckere Pflanze braucht warme Plätze mit viel Feuchtigkeit. Mit einer einzigen Reihe wird man den ganzen Herbst hindurch bis in den Winter versorgt.

Basics

Aussaat Optimale Ergebnisse liefert eine Direktaussaat. Dazu 3 cm tiefe Rillen ziehen, wässern und die Samen dünn hineinstreuen. Anschließend kommt eine dünne Erdschicht darauf, die vorsichtig angedrückt wird.

Pflege Bei Trockenheit muss gewässert werden. Nach dem Austrieb werden die Sämlinge auf 20 cm Abstand ausgedünnt – sie sind essbar und können in der Küche verwertet werden. Halten Sie das Beet unkrautfrei und dauerhaft feucht.

Ernte Die Knollen können in jedem Wachstumsstadium geerntet werden. Sie werden einfach auf Bodenniveau abgeschnitten.

Erfolgsgeheimnisse

Schossfeste Sorten werden am besten für frühe Aussaaten verwendet, da Kälte die Pflanzen zum Blühen anregt.

Knollenfenchel verträgt kein Umpflanzen. Er kann in Töpfen vorgetrieben werden, neigt dann aber zum Schossen.

Die Pflanzen brauchen kontinuierlich Wasser, um große Knollen zu bilden.

Auch die Blätter sind essbar – während die Knollen reifen, kann man ein paar abzupfen.

Schossen die Pflanzen, lassen sich immer noch die Blüten ernten. Sie sind außerdem eine gute Insektenweide.

Die F1-Hybride 'Rondo' liefert bei Aussaat in Zone 3 die besten Ergebnisse.

Zehn weitere Gartenstars

Melonen

Gute Ergebnisse im Freiland liefern vor allem zwei Arten: die Zuckermelone (*Cucumis melo*), zu der die Cantaloupe- und Honigmelonen gehören, und die Wassermelone (*Citrullus lanatus*). Besonders verlässlich sind im gemäßigten Klima früh reifende Sorten wie 'Alvaro' und 'Sugar Baby'.

Indisches Blumenrohr

Die nicht winterharte Staude aus der Neuen Welt, *Canna indica*, lohnt schon allein wegen ihres beeindruckenden Aussehens den Anbau. Neben ihrem Zierwert hat sie den Vorteil, dass die jungen stärkehaltigen Rhizome essbar sind: Sie können roh und gebacken genossen werden, das Laub verwertet man wie Bananenblätter.

Mais

Der bei Wärme sehr wüchsige Mais (*Zea mays*) trägt am besten, wenn er ein ausgeprägtes Wurzelsystem entwickeln kann. Man fördert es durch frühe Pflanzung oder Direktaussaat unter Abdeckungen. Damit die Kolben gut reifen, wässert man sie großzügig. Reif sind sie, wenn die Schöpfe verbräunen.

Helmbohne

Die tropische Kletterpflanze *Lablab purpureus* ist zwar nicht winterhart, wächst bei warmer Witterung aber kräftig. Sie mag feuchte Böden, verträgt jedoch keine nassen Füße. Im Spätsommer öffnen sich lila Blüten, gefolgt von Hülsen, die jung und gekocht verwertet werden, bevor sich die Samen bilden.

Daikon

Der nicht winterharte Daikon-Rettich, botanisch *Raphanus sativus* 'Longipinnatus', bildet ungewöhnlich lange, reinweiße Wurzeln. Die eigentlich zwei-

jährige Pflanze aus Asien wird einjährig gezogen. Man nimmt sie im Herbst auf, schneidet das Laub ab und genießt sie frisch oder lagert sie frostfrei.

Yacón

Yacón (*Smallanthus sonchifolius*) ist eine Knollenstaude aus den Anden. Sie bildet große, pfeilförmige, fein behaarte Blätter. Ihre Knollen werden im Herbst vor dem ersten Frost geerntet.

Gurke

Cucumis sativus ist das Gewächshausgemüse schlechthin. Die frostempfindlichen, kletternden oder kriechenden Einjährigen brauchen feuchte, stark durchlässige Erde. Freilandsorten wie 'Marketmore' liefern hohe Erträge.

Lauchzwiebeln

Die winterharte Lauchzwiebel (*Allium fistulosum*) ist lange vor der Speisezwiebel und Schalotte reif. Sie wird am besten direkt ausgesät. Manche Sorten, wie 'Early Paris White' und 'Lilia', liefern frische Minizwiebeln, 'Ishikura' und 'Kyoto Market' dagegen essbare Triebe.

Dill

Das aromatische Mittelmeerkraut (*Anethum graveolens*) ist eine winterharte Einjährige mit gefiedertem Laub und feiner Anisnote. Man sät ihn solange es kalt ist, später braucht er eine Stütze. Zunächst bilden sich gelbe Blüten, dann essbare Samen.

Perilla (Shiso)

Perilla frutescens ist nicht winterhart und wird einjährig gezogen. Ihr schönes Laub hat einen aromatischen Basilikum-Minze-Geschmack und wird oft als Hülle für asiatische Speisen verwendet. *P. f.* var. *crispa* bekommt dekorative runzelige violette Blätter.

Von links nach rechts: Gurken, Indisches Blumenrohr, Perilla und Helmbohnen. Sie alle brauchen viel Sonne und Wasser.

Projekt:

Schluss mit Unkraut

Unkraut kann einem die Freude am Gärtnern verderben, aber das muss nicht sein: Es gibt genug Strategien, um es zu dezimieren. Völlig ausgemerzt muss es beileibe nicht werden, doch sollte man zumindest dafür sorgen, dass Obst und Gemüse unter der Konkurrenz nicht leiden. Die warmen, feuchten Böden von Zone 3 bieten ihm zwar perfekte Bedingungen, davon sollten aber nur Nutzpflanzen profitieren.

Unkräuter werden in zwei Kategorien eingeteilt: einjährige und mehrjährige. Beide haben ihre Tücken – nur wenn man sie kennt, kann man sie wirkungsvoll bekämpfen.

Einjährige Unkräuter

Einjährige Unkräuter säen sich blitzartig und in großer Zahl selbst aus. Zu ihnen zählen die Gewöhnliche Vogelmiere (*Stellaria media*), das Behaarte Schaumkraut (*Cardamine hirsuta*), das Jakobs-Greiskraut (*Senecio jacobaea*) und der Weiße Gänsefuß (*Chenopodium album*). Ein einziges Exemplar der Vogelmiere etwa schickt binnen zehn Wochen 2500 Samen in die Welt, woraus bis zum Sommerende theoretisch 15 Milliarden Pflänzchen entstehen! Wichtig ist daher Jäten von Hand oder mit der Hacke. Am wirkungsvollsten ist das Hacken an sonnigen, windigen Tagen. Ziehen Sie einfach die Klinge über den Boden, sodass die Pflanzen gekappt werden. Eingegraben oder mit stumpfer Hacke nur verletzt werden dürfen sie nicht, denn dann treiben sie wieder aus.

Mehrjährige Unkräuter

Sie haben hartnäckige Wurzeln, die sich aggressiv vermehren. Beispiele sind Ackerwinde (*Convolvulus arvensis*), Giersch (*Aegopodium podagraria*), Große Brennnessel (*Urtica dioica*) und Acker-Schachtelhalm (*Equisetum arvense*). Die Wurzelsysteme sind in leichten Böden tiefgreifender – die des Schachtelhalms reichen bis zu 2 m tief. Durch Ausgraben kann man Flachwurzler wie Brennnesseln und Giersch eindämmen, doch wenn sie auf einer angrenzenden Fläche wachsen, ist der Erfolg nur vorübergehend.

Sie brauchen

große Bögen Kartonpapier
Ziegelsteine oder andere schwere Gegenstände

Schritt für Schritt

1 Beet gründlich jäten.

2 Erde mit Karton bedecken.

3 Falls auf dem Areal bereits Pflanzen wachsen, Löcher in den Karton schneiden und um den Ansatz der Pflanzen legen. Für Pflanzen, die erst noch gesetzt werden, Schlitze in den Karton schneiden.

4 Karton mit Gegenständen beschweren.

5 Der Karton lässt sich mit Kies oder Rindenmulch kaschieren. Irgendwann kämpfen sich Unkräuter vielleicht wieder durch Löcher im Karton oder keimen in der Mulchschicht darüber. Auch sie sollten entfernt werden, bevor sie sich ausbreiten.

Unter Extrembedingungen rechnet man normalerweise mit wenig Wachstum und geringen Erträgen. Zum Glück aber gibt es reichlich Nutzpflanzen, denen Kälte und Wind herzlich egal sind! In gemäßigten Klimazonen haben sich jede Menge Arten entwickelt, die hart im Nehmen sind, man denke nur an winterliche Beete voller Grün-, Kopf- und Rosenkohl. Auch Porree und Chicorée harren in der Kälte aus und warten geduldig darauf, dass man sie aus dem kalten Boden holt. Winterhartes Wurzelgemüse wie Möhren, Pastinaken, Steckrüben, Rote Beten und Speiserüben bildet das Rückgrat exponierter Gärten. Sie alle stecken im Schutz des Erdreichs Minustemperaturen locker weg. Auch manche Obstsorten trotzen der Kälte, darunter Kriechenpflaumen, Quitten, Himbeeren und Cranberrys, um nur einige zu nennen. Kurzum: Mangel herrscht in kalten, offenen Lagen keinesfalls.

Zone 4
Offen und kalt

Speisezwiebeln und Schalotten

Allium cepa

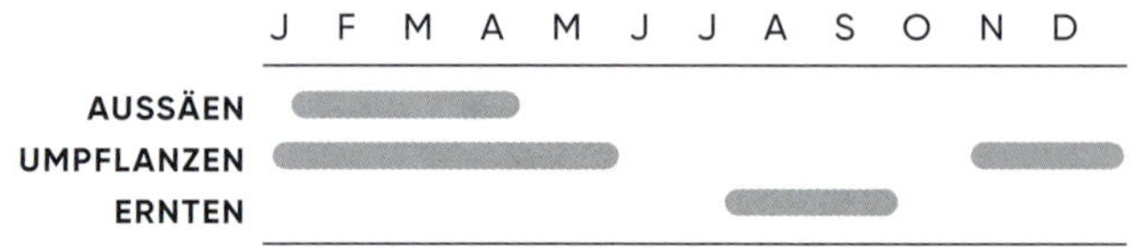

VON DER AUSSAAT BIS ZUR ERNTE
18–26 Wochen

SORTEN

'Zebrune' – rosa, süß, alte bananenförmige Schalottensorte

'Sturon' – klassische runde gelbe Steckzwiebel, hervorragend lagerfähig

'Red Tide' F1 – wüchsig, glänzend, rund, rotschalig, sehr lagerfähig

'Snowball' – weiß, mild, lässt sich gut lagern, oft als Steckzwiebel verkauft

HERKUNFT

Asien, passt sich aber an unterschiedlichste Bedingungen an

WÄCHST AUCH IN

Zonen 1, 3 und 5

WINTERHÄRTE

Winterhart

LEBENSZYKLUS

Zweijährig, aber einjährig kultiviert

ERTRAG

★★★★/☆☆☆☆☆

AUFWAND

7/10

Speisezwiebeln sind Bestandteil zahlloser Gerichte. Exemplare aus dem eigenen Garten lassen sich ausgezeichnet lagern. Gleiches gilt für Schalotten, die als qualitativ höherwertig gelten. Gekocht erobern sie mit ihrem süßen Geschmack die Herzen von Gourmets.

Basics

Aussaat Sie erfolgt 1 cm tief in Topfplatten im Frühjahr. Sobald die Setzlinge groß genug sind, kommen sie ins Freie. Ist eine Aussaat nicht möglich, kauft man Steckzwiebeln.

Einpflanzen Steckzwiebeln oder abgehärtete Setzlinge setzt man mit 20–25 cm Abstand ins Beet. Anfangs muss gut gewässert und gejätet werden. Die Steckzwiebeln dürfen nicht »wandern«.

Ernte Geerntet werden können die Zwiebeln, sobald sie groß genug sind. Bevor sie an einem frostfreien, luftigen Platz gelagert werden, lässt man sie nach der Ernte etwas liegen, damit ihre Schale trocknet.

Erfolgsgeheimnisse

Wer große Zwiebeln möchte, sät Steckzwiebeln einzeln, ansonsten zu 3–4.

In sauren Böden fällt der Ertrag gering aus – heben Sie den pH-Wert durch Kalken.

Kommen Lauchminierfliege, Zwiebelfliege oder Lauchmotte bei Ihnen vor, schützen Sie die Beete mit einem Insektennetz.

Je geringer die Pflanzabstände, desto kleiner fallen die Zwiebeln aus.

Schalotten (ganz oben) und Speisezwiebeln (oben) sind winterhart und sehr lagerfähig.

Damit Zwiebeln nicht schossen, verwendet man wärmebehandelte Steckzwiebeln, pflanzt nicht so früh und wässert gut.

Zum Lagern Zwiebeln zu Zöpfen flechten.

Möhren und Pastinaken

Daucus carota und *Pastinaca sativa*

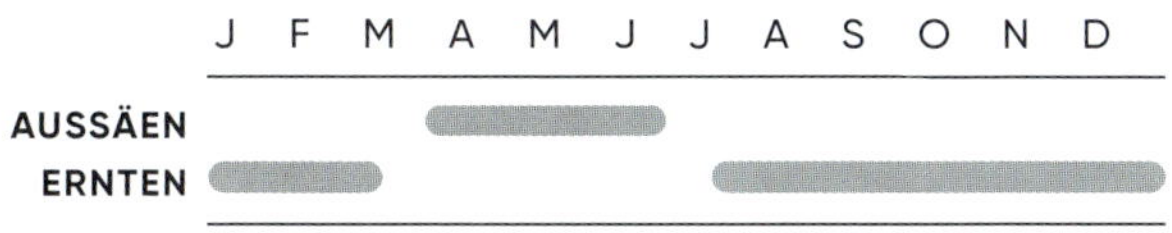

VON DER AUSSAAT BIS ZUR ERNTE
14–28 Wochen

SORTEN

Möhre 'Frühe Amsterdam 2' – gut zum Vortreiben früher Babymöhren

Möhre 'Berlikumer 2' – sehr winterhart, im Frühsommer ausgesät liefert sie Winterwurzeln

Pastinake 'Viper' F1 – winterhart, wüchsig, groß, einheitliche Form

Pastinake 'Pearl' F1 – winterhart, einheitlich, schmal, weiß

HERKUNFT
Regionen mit tiefgründigen, fruchtbaren Böden und stetem Niederschlag in Eurasien

WÄCHST AUCH IN
Zonen 1, 3, 5 und 6 – in der Sonne und im Schatten, solange der Boden nicht trocken ist

WINTERHÄRTE
Winterhart

LEBENSZYKLUS
Zweijährig, einjährig kultiviert

ERTRAG
★★★★/☆☆☆☆☆

AUFWAND
6/10

Wintersuppen, Braten und Eintöpfe wären nicht komplett ohne diese beiden Wurzelgemüse. Sie enthalten viel Zucker, legen im Herbst nochmal gut zu und kommen sogar mit winterlichen Verhältnissen zurecht.

Basics

Aussaat Sie erfolgt direkt im Freiland. Ziehen Sie für Möhren 2 cm und für Pastinaken 4 cm tiefe Rillen und säen Sie dünn hinein. Dann werden die Samen mit Erde abgedeckt und gewässert. Für die Winterernte von Möhren sät man sie im Juni aus.

Einpflanzen Beete gut jäten. Sämlinge für Wintermöhren werden auf 4 cm Abstand, für reife Pastinaken auf 20 cm Abstand ausgedünnt. Bei Trockenheit wässern.

Ernte Babymöhren werden im Juni aus der Erde geholt, ansonsten lässt man sie bis zum Spätherbst reifen und erntet sie nach Bedarf. Pastinaken müssen ggf. mit einer Grabgabel aus der Erde gehebelt werden.

Erfolgsgeheimnisse

Pastinakensamen sind kurzlebig und müssen jährlich frisch gekauft werden.

Bis zur Keimung vergehen 2–3 Wochen. Pastinaken sät man ab Mai in warme Böden.

Ein Befall mit der Möhrenfliege lässt sich am besten mit Insektennetzen vermeiden.

Schützen Sie die Wurzeln im Winter, indem Sie die Blätter abschneiden und das Beet mit Stroh mulchen, das mit Pflöcken und Netzen fixiert wird.

Frost macht Pastinaken süßer, da sich die enthaltene Stärke in Zucker umwandelt, der als Frostschutzmittel dient.

Ernten Sie Pastinaken mit langen Ärmeln – das Laub kann Hautreizungen verursachen.

Möhren (links und Mitte) und Pastinaken (rechts) sind ein vielseitiges, teils winterhartes Gemüse.

Dicke Bohnen

Vicia faba

	J	F	M	A	M	J	J	A	S	O	N	D
AUSSÄEN			●								●	
UMPFLANZEN			●	●								
ERNTEN						●	●					

VON DER AUSSAAT BIS ZUR ERNTE
20–30 Wochen

SORTEN

'Aquadulce Claudia' – sehr winterhart, Herbstaussaat, große Pflanzen und Hülsen

'De Monica' – reift schnell, Frühjahrsaussaat, große Hülsen

'Ratio' – Zwergsorte, Frühjahrsaussaat, kurze Hülsen, auch für Topfkultur geeignet

HERKUNFT

Exakter Ursprung unbekannt, möglicherweise Naher Osten. Winterhärter als die meisten Bohnen, daher sehr nützlich für die Frühsommerernte

WÄCHST AUCH IN

Zonen 1, 3 und 5

WINTERHÄRTE

Verträgt leichten Frost

LEBENSZYKLUS

Einjährig

ERTRAG

★★★/☆☆☆☆☆

AUFWAND

8/10

Gute Dicke Bohnen findet man im Supermarkt nur schwer. Frischer und zarter sind sie, wenn sie aus dem eigenen Garten kommen. Und was übrig bleibt, lässt sich gut einfrieren.

Basics

Aussaat Säen Sie im ausgehenden Winter in Topfplatten mit großen Modulen aus. Sobald die Sämlinge groß genug sind, kommen sie ins Beet. Alternativ ist eine Direktaussaat 2–3 cm tief im Freiland im Schachbrettmuster möglich. Abstand: 20 cm.

Einpflanzen Anfangs gut jäten und bei Trockenheit wässern, vor allem während der Blüte. Werden die Pflanzen größer, steckt man Stäbe kreisförmig in die Erde und spannt Schnüre dazwischen.

Ernte Geerntet wird, wenn die Bohnen voll ausgebildet, aber noch nicht vertrocknet sind. Dann holt man die Samen aus den Hülsen und verwertet sie bald in der Küche.

Erfolgsgeheimnisse

Am besten keimen die Bohnen, wenn es kühl ist. Anzuchtkästen sind also unnötig.

Säen Sie nicht erst aus, wenn es schon warm wird, sonst tragen die Bohnen schlecht.

Die Pflanzen von Herbstaussaaten überwintern am besten, wenn sie 3–5 cm groß sind. Säen Sie also nicht zu früh aus.

Herbstaussaaten nur in leichten Böden säen, sie faulen sonst.

Zwicken Sie im April die Triebspitzen ab, um einen Blattlausbefall zu verhindern.

Dicke Bohnen kommen geschützt gut durch den Winter. Sie bilden hübsche Blüten im Frühjahr (ganz oben), auf die dicke Hülsen folgen (oben).

Die Wurzeln bilden stickstoffhaltige Knöllchen. Sie sollten als Dünger im Boden bleiben. Deshalb wird nur der abgeerntete oberirdische Wuchs entsorgt.

Pflaumen, Schlehen und Co.

Prunus

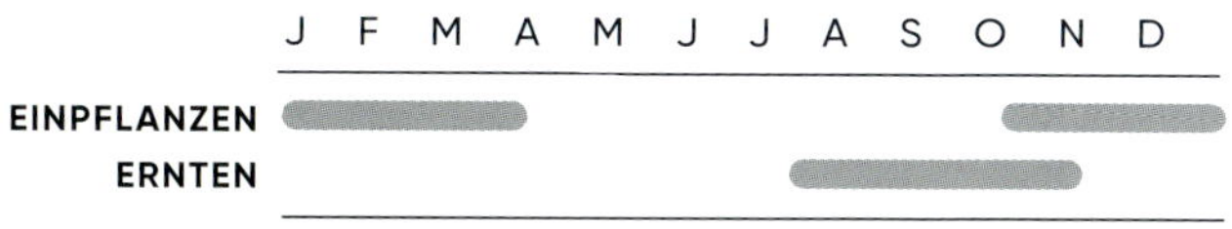

VOM EINPFLANZEN BIS ZUR ERNTE
1–4 Jahre

Pflaumen und ihre Verwandten gehören in exponierten Lagen zu den robustesten Obstgehölzen und tragen zuverlässig.

SORTEN

Pflaume 'Königin Viktoria' – ausgezeichneter Geschmack, selbstfruchtbar, verlässlich

Kriechenpflaume – Wildpflaume, violette Früchte, selbstfruchtbar, verlässlich, winterhart

Blutpflaume/Mirabelle – gelbe, rote oder blaue Früchte, winterhart, selbstfruchtbar

Schlehe 'Reto' – sehr winterhart, treibt Ausläufer, selbstfruchtbar, kleine, adstringierende, violette Früchte

HERKUNFT

Europa und Asien

WÄCHST AUCH IN

Zonen 1, 2, 3, 5, 6 und 7

WINTERHÄRTE

Winterhart, Blüten können aber bei starkem Frost erfrieren

LEBENSZYKLUS

Mehrjährig

ERTRAG

★★★★/☆☆☆☆☆

AUFWAND

8/10

Die Größe der Früchte variiert in dieser Gruppe stark, doch alle Varianten tragen reich. In guten Jahren kann es sogar sein, dass man der Obstschwemme nicht mehr Herr wird. Zum Glück lassen sich alle Früchte gut haltbar machen.

Basics

Einpflanzen Pflanzen Sie die Gehölze in Böden, die mit Gartenkompost oder Stallmist verbessert wurden. Für die Fächererziehung von Pflaumenarten braucht man gespannte Drähte oder ein Holzgerüst.

Schnitt Pflaumen werden im Sommer geschnitten, denn ein Winterschnitt macht die Gehölze anfällig für Krankheiten. Bei älteren Exemplaren nimmt man einen gewissen Anteil an altem Holz heraus, damit die Pflanzen weiter gut tragen. Wildarten wie Schlehen, Blutpflaumen und Kriechenpflaume müssen nicht geschnitten werden.

Ernte Pflaumen und Renekloden werden kurz vor der Vollreife geerntet, weil sie dann am saftigsten sind und am besten schmecken. Blutpflaumen und Schlehen lässt man so lange wie möglich am Baum.

Erfolgsgeheimnisse

Schlehen, Blutpflaumen und Kriechenpflaumen tragen in kühlen Gegenden am verlässlichsten.

An warmen Standorten werden Pflaumen und Renekloden süßer.

Die Gehölze blühen früh. Damit sie gut tragen, sollten sie nicht in Frostsenken stehen.

Bei Fächererziehung schneidet man einen Teil der alten Äste heraus und bindet jeden Sommer nach der Ernte frische Triebe an.

Werden die Früchte zu schwer, müssen eventuell Äste gestützt werden.

Mit Pheromonfallen Ende April und Mai dezimiert man den Pflaumenwickler etwas.

Rote Beten

Beta vulgaris

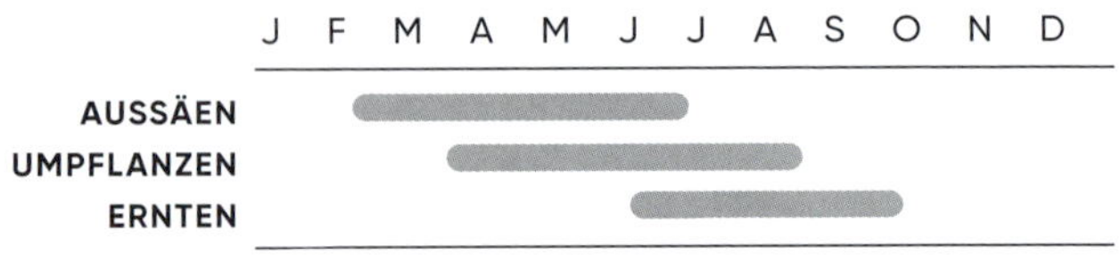

VON DER AUSSAAT BIS ZUR ERNTE
10–16 Wochen

SORTEN

'Pablo' F1 – wüchsig, einheitliche Knollen, violette Form, hoher Ertrag

'Boldor' F1 – ausgezeichnete goldgelbe Sorte, orange Schale, gelbes Fleisch, sehr schmackhaft

'Tondo di Chioggia' – ungewöhnlich pink und weiß geringelt, ein Hingucker

'Avalanche' F1 – wüchsig, ungewöhnliche Sorte mit außerordentlich süßen, weißen Rüben

HERKUNFT

Wurde ursprünglich in Ägypten wegen der Blätter domestiziert, ist inzwischen aber als Wurzelgemüse gebräuchlich. Mag durchlässige Böden und ein gemäßigtes Klima.

WÄCHST AUCH IN

Zonen 1, 3 und 5

WINTERHÄRTE

Winterhart

LEBENSZYKLUS

Zweijährig, einjährig gezogen

ERTRAG

★★★★/☆☆☆☆☆

AUFWAND

8/10

Rote Beten gelten als supergesund und stehen deshalb seit einiger Zeit hoch im Kurs. Man kann sie sauer einlegen, braten oder entsaften. Sie gehören zu den Sprintern im Wurzelgemüsereich. Züchterische Bemühungen haben Sorten mit höherer Wuchskraft und einer breiten Farbpalette hervorgebracht.

Basics

Aussaat Säen Sie die Samen 1 cm tief in Topfplatten, die im Februar und März noch drinnen bleiben. Sobald es draußen wärmer wird, kommen die Setzlinge in frisch umgegrabene und geharkte Beete.

Einpflanzen Direktaussaaten werden auf 10–20 cm ausgedünnt, je nachdem, wie groß die Rüben werden sollen. Setzlinge aus Topfplatten werden abgehärtet und in ähnlichen Abständen gepflanzt, sobald sie groß genug dafür sind. Gut einwässern.

Ernte Jäten Sie gut. Bei Trockenheit muss gewässert werden. Ernten kann man nach Bedarf. Babybeten sind köstlich zart, größere Rüben lassen sich für den Winter einlagern.

Die großen, robusten Wurzeln der Roten Beten lassen sich in leicht feuchtem Sand lange lagern.

Erfolgsgeheimnisse

Wer große Rüben bekommen möchte, pflanzt monogerme Sorten oder dünnt entsprechend stark aus.

Dippelsaat (Samen werden zu mehreren gesät) liefert kleinere Rüben.

Auch das Laub ist essbar, ob von ausgedünnten Sämlingen oder älteren Pflanzen.

Rote Beten vertragen keine Staunässe. In nassen Gärten sollte man sie daher in Hochbeeten kultivieren.

Bei Trockenheit verbessert Gießen die Qualität und senkt das Schossrisiko.

Lagern Sie reife Rüben in Kisten mit leicht feuchtem Sand an einem frostfreien Platz.

Winterkohl

Brassica oleracea

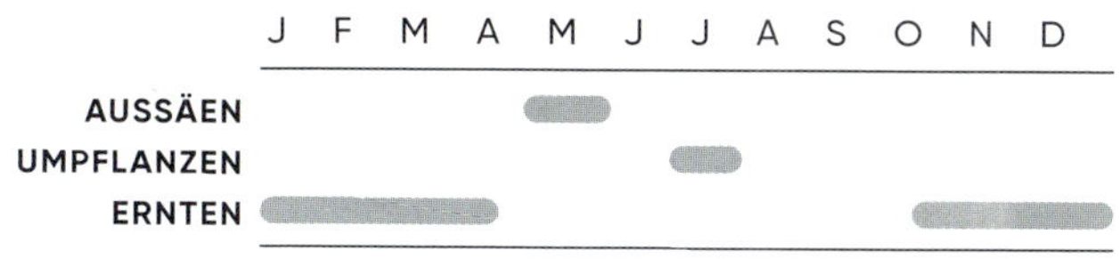

VON DER AUSSAAT BIS ZUR ERNTE
20–24 Wochen

SORTEN

Wirsing 'Winterfürst 2' – ausgezeichneter, winterharter Wirsing, reift rasch, standfest

Kopfkohl 'Langendijker Winter' – robuster, winterharter Rotkohl

Palmkohl 'Cavolo Nero' – alte italienische Sorte, gerippte, sattgrüne Blätter

Ewiger Kohl – robust, mehrjährig, leicht gewelltrandige, mittelgrüne Blätter

HERKUNFT

In Europa domestiziert, viele winterharte Sorten

WÄCHST AUCH IN

Zonen 1, 3 und 5

WINTERHÄRTE

Winterhart

LEBENSZYKLUS

Zwei- oder mehrjährig

ERTRAG

★★★★/☆☆☆☆☆

AUFWAND

6/10

Für die wärmeren Monate gibt es reichlich Kohlsorten, aber Winterkohlsorten gedeihen auch in der kalten Jahreszeit, ja, sie werden von herbstlichem Regen sogar beflügelt und verheißen eine gute Ernte. Im späten Frühjahr auf den Weg gebracht, können sie die Saison über langsam bis zur Erntereife wachsen.

Basics

Aussaat Kopfkohl für den Winter wird direkt ins Freiland oder in Topfplatten mit einem Samen pro Modul ausgesät. Abstand in den Beeten: mindestens 60 cm.

Pflege Die Beete werden gut gejätet und bei Trockenheit gewässert. Mit einem Netzkäfig (Maschenweite 5 mm) schützt man die Kulturen vor dem Kohlweißling.

Ernte Die Köpfe bzw. Blätter werden geerntet, sobald sie groß genug sind. Lässt man den Strunk im Boden, bekommt man noch eine Nachernte aus einzelnen Blättern.

Erfolgsgeheimnisse

Ist die Kohlhernie in Ihrem Garten ein Problem, wählen Sie widerstandsfähige Sorten wie 'Kilaton'.

Vor dem Einpflanzen reichert man den Boden mit einem Stickstoffdünger wie Hühnermistpellets an.

Mit Kohlmanschetten um den Ansatz von Jungpflanzen hält man die Kohlfliege fern.

Decken Sie junge Pflanzungen mit Schmetterlingsnetzen ab.

Im Winter machen sich Tauben über den Kohl her. Spannen Sie Netze.

Auch Frühjahrskohl ist sehr winterhart. Er kann im Herbst oder Frühjahr gesät werden.

Der Palmkohl 'Cavolo Nero' liefert in milden Wintern lange Zeit Blätter.

Heidelbeeren

Vaccinium corymbosum

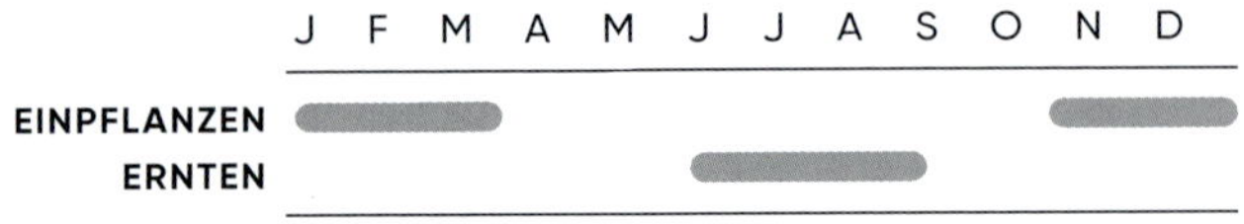

VOM EINPFLANZEN BIS ZUR ERNTE
1–3 Jahre

SORTEN

'Goldtraube' – große, schmackhafte Beeren an wüchsigen Büschen

'Pink Berry' – süße, rosa Beeren, robuste, gesunde Büsche

'Sunshine Blue' – kompakte Pflanzen, hoher Ertrag, ideal für Pflanzgefäße

'Jersey' – spätere Reife als bei den meisten anderen Sorten, sodass die Saison verlängert wird, kleine Beeren

HERKUNFT
Aus den gemäßigten Regionen der Neuen Welt

WÄCHST AUCH IN
Zonen 1, 3, 5 und 6

WINTERHÄRTE
Winterhart, manche extrem winterhart

LEBENSZYKLUS
Mehrjährig

ERTRAG
★★★/☆☆☆☆☆

AUFWAND
7/10

Die für ihren hohen Anteil gesunder Antioxidantien bekannten Heidelbeeren gehören in jeden Obstgarten. Bekannt ist ihre Vorliebe für viel Feuchtigkeit und saure Böden. Sie lassen sich gut in Gefäßen ziehen und liefern bei sorgfältiger Auswahl der Sorten von Juni bis Oktober frische Beeren.

Basics

Einpflanzen Heidelbeeren werden während ihrer Winterruhe in gut durchlässige, aber feuchtigkeitsspeichernde, mit saurer organischer Substanz angereicherte Böden gepflanzt. Gut wässern und mulchen.

Schnitt Sträucher vor dem Austrieb im Frühjahr schneiden, Jungpflanzen nur in Form bringen. Bei älteren Büschen nimmt man schwachen und verdichteten Wuchs heraus, damit eine lichte Krone entsteht.

Ernte Beeren ernten, sobald sie ihre endgültige Farbe haben; dazu vorsichtig abzupfen. Größere Mengen lassen sich gut einfrieren.

Erfolgsgeheimnisse

Heidelbeeren sind zwar selbstfruchtbar, doch fremdbestäubt tragen sie besser.

Legt man die Pflanzgrube mit perforierter Teichfolie aus, bleibt der Boden feuchter.

In Gärten mit kalkigen Böden zieht man sie am besten in Töpfen mit Moorbeeterde.

Reife Beeren müssen vor Vögeln geschützt werden, am besten mit einem Drahtkäfig.

Größere Beete kann man mit Sickerschläuchen unter organischem Mulch bewässern.

Gesunde letztjährige Triebe sind ausgezeichnete Steckhölzer. Sie werden beim Rückschnitt im Winter gewonnen.

Ideal für kühlere Lagen sind die Sorten 'Jersey' (oben) und 'Pink Berry' (unten).

Porree

Allium porrum

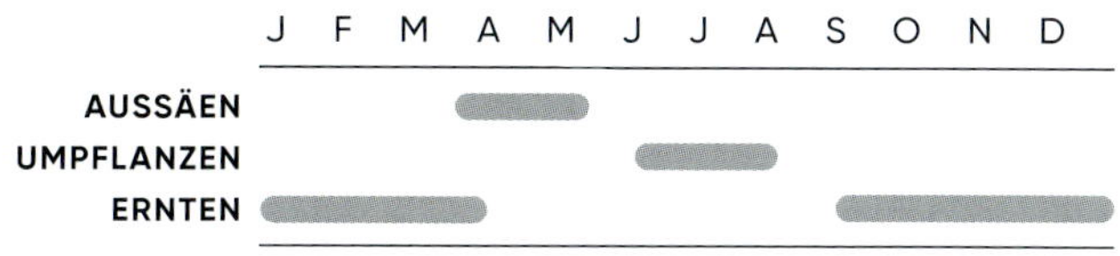

VON DER AUSSAAT BIS ZUR ERNTE
22–30 Wochen

SORTEN

'Blaugrüner Winter' – wüchsig, lange weiße Stangen, hält bis weit in den Winter

'Porbella' – Herbstlauch, französische Sorte, dicke Stangen, widerstandsfähig gegen Rost

'Lancaster' F1 – gute späte Sorte, sehr winterhart, standfest und schossfest

'Herbstriese 2' – ertragreich, toller Geschmack, legt kräftig zu und hält bis in den Winter hinein aus

HERKUNFT

Mittelmeerraum, braucht tiefgründige, fruchtbare, durchlässige Böden

WÄCHST AUCH IN

Zonen 3 und 5

WINTERHÄRTE

Winterhart

LEBENSZYKLUS

Zweijährig, aber einjährig kultiviert

ERTRAG

★★★★/☆☆☆☆☆

AUFWAND

7/10

Im winterlichen Gemüsegarten ist Porree, auch Lauch genannt, allgegenwärtig. Man kann ihn draußen lassen, bis er in der Küche gebraucht wird. Die milden Stangen lassen sich in Butter dünsten, mit Kartoffeln zu einer Suppe zubereiten oder mit Bechamelsoße zu einem leckeren Winteressen kombinieren.

Basics

Aussaat Die Aussaat erfolgt in Saatbeeten draußen oder in großen Töpfen im Haus. In je ein Topfplattenmodul können 3–4 Samen gesät werden. Sobald die Sämlinge 2–4 mm dick sind, vereinzelt man sie.

Auspflanzen Die Setzlinge werden mit 20 cm Abstand gepflanzt – geringere Abstände liefern Babyporree. Sie kommen in 10–15 cm tiefe Löcher. Horste aus mehreren Setzlingen pflanzt man mit 25 cm Abstand zu allen Seiten. Gut wässern und jäten.

Ernte Bei Trockenheit wässern und bei Bedarf ernten. Beim Putzen die Wurzeln und obersten grünen Blätter entfernen.

Erfolgsgeheimnisse

In milden, nassen Gegenden sollte man rostresistente Sorten pflanzen.

Späte Sorten mit dunkelgrünem Laub sind unglaublich frosthart.

Ratsam ist ein Stickstoffdünger wie Hühnermistpellets. Er wird in die Erde eingearbeitet.

In Gegenden, in der die Lauchmotte vorkommt, braucht man ein Insektennetz.

Die Sorte 'Blaugrüner Winter' hält die ganzen Wintermonate hindurch im Beet aus.

Jäten Sie die Beete gut – Porree hat Unkräutern wegen seines aufrechten Wuchses wenig entgegenzusetzen.

Da die Ernte bei gefrorenen Böden schwierig ist, die Pflanzen vor Frost aufnehmen und in Trögen an einen frostfreien Platz setzen.

Speiserüben, Steckrüben und Kohlrabi

B. napus, Brassica rapa ssp. *rapa, B. oleracea*

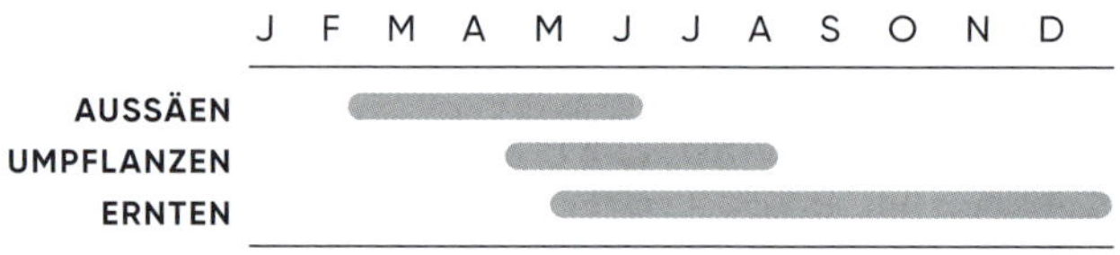

VON DER AUSSAAT BIS ZUR ERNTE
6–18 Wochen

SORTEN

Mairübe – wüchsig, weiß, süß

Kohlrabi 'Azur Star' – auffallend violette Knollen, wüchsig, saftig

Kohlrabi 'Quickstar' F1 – hellgrün, legt rasch zu

Steckrübe 'Gelbe aus Friesland' – gelbe Rüben mit violetter Schulter

HERKUNFT
Kühl-gemäßigte Regionen

WÄCHST AUCH IN
Zonen 1, 3 und 5

WINTERHÄRTE
Winterhart

LEBENSZYKLUS
Zweijährig, einjährig gezogen

ERTRAG
★★★/☆☆☆☆☆

AUFWAND
7/10

Nichts geht über Wurzelgemüse für den Winter. Vom Sommer bis zum Spätherbst dürfen Sie mit reicher Ernte rechnen, danach kann man sich mit Eingelagertem bis ins Frühjahr versorgen. Babyspeiserüben sind im Nu erntereif, der Rest nimmt sich Zeit, lockt dafür aber mit stattlichem Ertrag.

Basics

Aussaat Ausgesät wird im Frühjahr 1 cm tief in die Zellen von Topfplatten oder direkt in frisch vorbereitete Beete draußen, sobald der Frühling naht.

Direktaussaaten werden je nach gewünschter Wurzelgröße auf 10–30 cm ausgedünnt. Setzlinge aus der Topfplatte härtet man ab, pflanzt sie in ähnlichen Abständen aus, sobald sie groß genug sind, und wässert gut.

Ernte Jäten Sie die Kulturen gut und wässern Sie bei längerer Trockenheit. Babyspeiserüben und Kohlrabi sind jung besonders zart, große Steckrüben ideal zum Lagern.

Erfolgsgeheimnisse

Wer rasch Speiserüben braucht, sät im März drinnen aus und pflanzt im April.

Mairüben (ganz oben) und der Kohlrabi 'Azur Star' (oben) sind wüchsig und schnell reif. Kalte Witterung kann ihnen nichts anhaben.

Steckrüben werden am besten Ende Mai oder Anfang Juni gesät, damit sie im Winter in stattlicher Größe geerntet werden können.

Alle drei sind Kohlgewächse. Ist mit Kohlhernie oder der Kohlfliege zu rechnen, müssen sie jedes Jahr den Standort wechseln.

Blätter von Speiserüben sind essbar. Nehmen Sie aber immer nur ein paar.

Alle drei, vor allem aber Kohlrabi, sollten mit einem Netz (Maschenweite 5 mm) vor dem Kohlweißling geschützt werden.

Steckrüben im Herbst ernten. Laub entfernen und Rüben in feuchtem Sand lagern.

Äpfel

Malus domestica

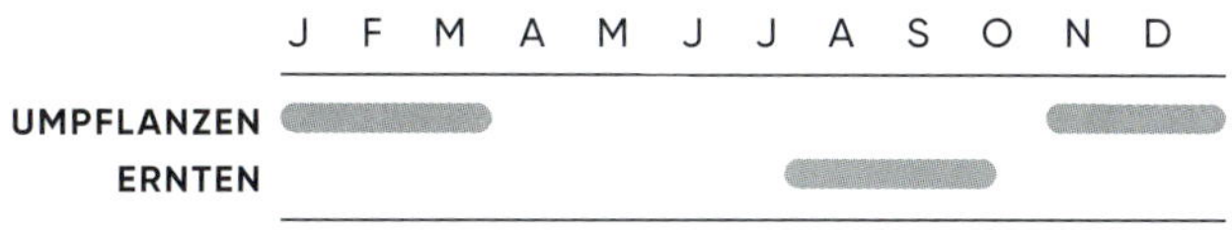

VOM EINPFLANZEN BIS ZUR ERNTE
1–3 Jahre

SORTEN

'Cox Orange' – robust, köstlich, hellrote Früchte; ein Baum reicht

'Kidd's Orange Red' – wüchsiger Tafelapfel, rot überlaufene Früchte

'James Grieve' – winterharter Zweinutzungsapfel; wohlschmeckende grüne, rot überhauchte Früchte

'Bramley's Seedling' – verlässlicher, wüchsiger Kochapfel; große, mittelgrüne Früchte

HERKUNFT

Bergregionen in Asien. Domestiziert und durch Zucht an viele Klimazonen angepasst

WÄCHST AUCH IN

Zonen 1, 2, 3, 4 und 5

WINTERHÄRTE

Winterhart

LEBENSZYKLUS

Mehrjährig

ERTRAG

★★★/☆☆☆☆☆

AUFWAND

8/10

In einen knackigen Apfel zu beißen, ist ein Erlebnis. Hobbygärtner können aus vielerlei Sorten wählen. Das kann ein mehliger Kochapfel oder ein saftriefender Tafelapfel sein. Dank schwach wachsender Unterlagen und selbstfruchtbarer Züchtungen sind Apfelbäume sogar in Kleingärten möglich.

Basics

Einpflanzen Bäume in der Winterruhe werden in unkrautfreie, mit reifer organischer Substanz verbesserte Erde gesetzt. Anschließend werden sie gemulcht und gestützt.

Schnitt Jungbäume bekommen im Winter einen Erziehungsschnitt. Ältere Bäume befreit man von zu dichtem und überkreuztem Wuchs.

Ernte Früchte einzeln ernten, sobald sie reif sind, ggf. in mehreren Durchgängen. Nur Äpfel ernten, die sich leicht vom Trieb lösen lassen. Sie werden kühl und frostfrei gelagert.

Erfolgsgeheimnisse

Erkundigen Sie sich beim Kauf nach der Pflück- und Verzehrreife der Sorte.

Manche Sorten wie 'Discovery' werden am besten frisch gegessen. Andere wie 'Blenheim Orange' werden besser, wenn man sie lagert.

Kaufen Sie Bäume mit gutem Astgerüst. Wurzelnackte Exemplare sind preiswerter.

Von der Unterlage hängt die Baumgröße ab. M25 ist extrem schwachwüchsig, MM106 ergibt große Bäume.

Wichtig ist die Pflanztiefe. Legen Sie einen Stock über das Pflanzloch. Der Stammansatz muss exakt auf Bodenniveau sein.

Kompakte Formen wie Kordons und Step-over sind ideal für die Spaliererziehung.

Äpfel (hier 'Kidd's Orange Red') haben ihren Ursprung in gemäßigten Klimazonen, gedeihen also auch in kühleren Gegenden.

Zehn weitere Gartenstars

Blattsenf

Blattsenf (*Brassica juncea*) wird auch oft Asia-Salat genannt. Er ist im Handumdrehen erntereif und liefert im kühlen, feuchten Frühjahr und Herbst leckere Salatblätter. Halten Sie Ausschau nach den Sorten 'Green in Snow', 'Red Frills', 'Red Giant' und 'Wasabi'.

Großfrüchtige Zierquitte

Chaenomeles cathayensis bildet Ausläufer und wird bis zu 3 m hoch. Im Frühjahr öffnen sich weiße, rosa überlaufene Blüten. Der Strauch aus dem Himalaja ist völlig winterhart. Im Spätsommer und Frühherbst trägt er große, runde Früchte. Er braucht Sonne, verträgt aber auch etwas Schatten.

Sanddorn

Der winterharte, sommergrüne Sanddorn (*Hippophae rhamnoides*) trägt orange Beeren, die am besten gekocht werden. Sie bilden sich in Bündeln an den jungen Trieben weiblicher Pflanzen. Der Strauch wird bis 4 m hoch und kommt an den Küsten Asiens und Europas vor, verträgt also trockene Böden.

Winterharte Erbsen

Viele Sorten von *Pisum sativum* mit runzligen Samen sind nicht winterhart, doch früh reifende Formen mit runden Samen können im Herbst in leichte Böden gesät und überwintert werden. Dazu zählen 'Meteor', 'Douce Provence' und 'Feltham First'. Alternativ sät man sie im zeitigen Frühjahr in Töpfe und setzt sie später nach draußen.

Rosen- und Blumenkohl

Diese beiden nordeuropäischen Formen des Gemüsekohls (*Brassica oleracea*) vertragen Frost, vor allem Rosenkohl. Sie brauchen viel Platz, sind aber das Rückgrat des herbstlichen Gemüsegartens. Man versorgt sie im Sommer mit vielen Nährstoffen, vor allem Stickstoff.

Koreanischer Sellerie

Die Staude *Dystaenia takesimana* stammt aus dem gemäßigten Asien. Sie ist winterhart, wüchsig, hat handförmig geteilte Blätter und schmeckt nach Liebstöckel oder Staudensellerie. Aus Samen treibt sie rasch aus. Sie verträgt etwas Schatten. Bestäuber mögen die großen weißen Blüten.

Allackerbeere

Rubus arcticus stammt aus Nordeuropa, ist winterhart und eignet sich gut als Bodendecker. Sie trägt rosa Blüten und saftige, kleine Beeren und bevorzugt feuchte, durchlässige Böden.

Moosbeere & Preiselbeere

Die Gewöhnliche Moosbeere (*Vaccinium oxycoccos*) und die Preiselbeere (*V. vitis-idaea*) stammen aus der nördlichen Hemisphäre. Sie bilden säuerliche Früchte, bleiben niedrig und sind selbstfruchtbar. Als Moorpflanzen bevorzugen sie feuchte, saure Böden.

Hundsrose

Die winterharte *Rosa canina* ist in Europa weit verbreitet. Sie eignet sich hervorragend für Naturhecken und als Solitärstrauch. Die einfachen, hellrosa Blüten werden gern von Bienen angeflogen. Ihre Hagebutten, eine gute Vitamin-C-Quelle, eignen sich für Sirup und Marmelade.

Zichorie und Endivie

Zichorie (*Cichorium intybus*) und Endivie (*C. endivia*) liefern ausgezeichnete Blattsalate für die kühleren Monate. Sie gedeihen unter kühlen, feuchten Bedingungen. Durch Blanchieren werden sie weniger bitter.

Von links nach rechts: Sanddorn, Schnittzichorie, Rosenkohl und Erbsen sind so robust, dass sie auch an exponierten Standorten gedeihen.

Projekt:
Ein essbarer Windschutz

Offen und kalt – das mögen viele Pflanzen nicht. Zum Glück gibt es einige, denen diese Bedingungen gar nichts ausmachen! In Zone 4 mag es manchmal rau zugehen, doch etliche Obstpflanzen zeigen Väterchen Frost die kalte Schulter. Ihre Früchte mögen klein sein, doch kann man sie frisch genießen, einmachen und sogar in Alkoholisches verwandeln. Pflanzt man sie als Windschutzhecke, macht man außerdem das Leben für andere Nutzpflanzen leichter.

Exponierte Standorte in frostgefährdeten Lagen erfordern winterharte, robuste Nutzpflanzen. Zum Glück gibt es genug, auf die diese Beschreibung passt – manche machen den Garten sogar wesentlich vielfältiger. Ein Windschutzwall aus Beeren- bzw. Obststräuchern etwa ist Gold wert, denn er schützt andere Gewächse vor stürmischem Wetter. Die robusten Gehölze halten unwirtlichen Bedingungen stand und bereichern sogar Ihren Speiseplan mit Früchten. Worauf warten Sie noch?

Windschutzwälle werden am besten zwischen Herbst und Frühjahr gepflanzt, aber nur, wenn der Boden weder gefroren noch nass ist. Pflanzen Sie einen Mix verschiedenster Arten – so können Sie über einen langen Zeitraum hinweg unterschiedlichste Genüsse ernten (eine Liste finden Sie gegenüber). Viele Gehölze sind im Winter auch wurzelnackt erhältlich. Wenn Sie mit jungen, kleinen Exemplaren anfangen, haben die den Vorteil, dass sie wenig kosten. Mit den Jahren werden sie größer und verflechten sich. Hat der Austrieb bereits begonnen, können Sie Containerware kaufen. Diese Sträucher mit Ballen können Sie fast das ganze Jahr über pflanzen. Viele Obstgehölze haben noch weitere Vorteile: Ihre Blüten sind eine wertvolle Bienenweide, während das Geäst Vögeln, die sich von Insekten ernähren, Unterschlupf bietet. Früchte, die man nicht verwertet und am Ast hängen lässt, dienen im Winter Amseln und Drosseln als willkommene Nascherei.

Sie brauchen

Grabgabel oder Spaten
Langzeitdünger
Auswahl von Beeren- bzw. Obststräuchern
Vorübergehende Zäune (gegen Wildverbiss)

Schritt für Schritt

1 Einen Graben ausheben, der so breit und tief ist, dass die Wurzelballen der gekauften Gehölze gut hineinpassen.

2 Auf den Boden des Grabens etwas Langzeitdünger streuen.

3 Das Granulat in das Erdreich einarbeiten.

4 Sträucher mit ausreichend Abstand zueinander in den Graben stellen.

5 Gehölze aus den Gefäßen holen und in den Graben pflanzen. Dabei darauf achten, dass die Erde auch die Zwischenräume zwischen den Wurzeln füllt. Erde vorsichtig andrücken und Gehölze gut einwässern. Ist in Ihrer Gegend mit Wildverbiss zu rechnen, können Sie einen provisorischen Zaun errichten.

Obststräucher als Windschutz:

Weißdorne (*Crataegus*)
Kriechenpflaume (*Prunus domestica* subsp. *insititia*)
Schlehe (*Prunus spinosa*)
Hundsrose (*Rosa canina*)
Dünenrose (*Rosa pimpinellifoplia*)
Schwarzer Holunder (*Sambucus nigra*)
Felsenbirnen (*Amelanchier*)
Holzapfel (*Malus sylvestris*)
Traubenkirsche (*Prunus padus*)
Kirschpflaume (*Prunus cerasifera*)
Stechginster (*Ulex europaeus*)
Sanddorn (*Hippophae rhamnoides*)
Doldige Ölweide (*Elaeagnus umbellata*)
Berberitzen (*Berberis*)

Diese Zone ist wie gemacht für Nutzpflanzen, die den Mittelweg und das Beste beider Welten bevorzugen, es also nicht zu sonnig und nicht zu schattig haben möchten. Die Sprinter im Blattgemüseteam, etwa Rucola, Koriander und Spinat, sind bekannt dafür, schnell zu schossen, wenn es ihnen zu warm und trocken wird. In Zone 5 finden sie kühle, ausgewogene Bedingungen. Man kann sie zusammen mit unbekannten Blattgemüseexoten anbauen, etwa Abessinischem Kohl, Rübstiel, Lauch-Scheibenschötchen, Bitterer Reichardie, Komatsuna, Pak Choi und Tatsoi, um die Erntesaison zu strecken. Himbeeren und Holunder lassen sich mit Chilenischen Guaven und Felsenbirnen kombinieren. Auch Kräuter wie Minze und Liebstöckel sowie scharfe Gewürze wie Szechuanpfeffer mögen kühle, feuchte Wurzelräume. Mit anderen Worten: Plätze im Halbschattenreich sind heiß begehrt.

Zone 5
Halbschatten

Rucola

Eruca vesicaria subsp. *sativa*

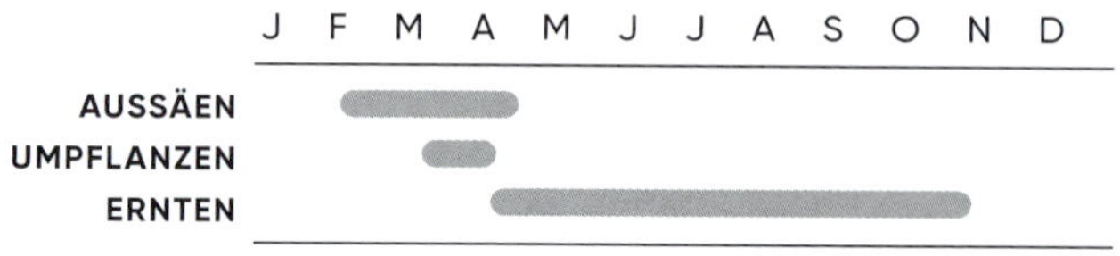

VON DER AUSSAAT BIS ZUR ERNTE
6–10 Wochen

SORTEN

Salatrauke – groß, saftig, milder Geschmack ohne Bitternote

'Dragon's Tongue' – rote Adern, tief gebuchtete grüne Blätter in Eichblattform

'Wasabi Rocket' – pfeffrig, Wasabi-artiger Geschmack

'Astra' – fiederschnittige Blätter, neigt nicht zum Schossen

HERKUNFT
Mittelmeerraum, bevorzugt Wärme und etwas Schatten

WÄCHST AUCH IN
Zonen 1, 3, 4 und 6

WINTERHÄRTE
Winterhart

LEBENSZYKLUS
Einjährig

ERTRAG
★★★★★/☆☆☆☆☆

AUFWAND
9/10

Wer hat sich nicht schon die Garten-Senfrauke alias Rucola gegönnt, wenn er einmal etwas anderes als milde Salate probieren wollte. Ihr pfeffriger Geschmack enttäuscht nicht. Gemüsegärtnern gefällt vor allem, wie schnell die Pflanze erntereif ist. Sie kann in Suppen, Pesto und Hummus verwendet werden. Experimentieren Sie einfach!

Basics

Aussaat Wer früh ernten will, sät im Haus 2–3 Samen pro Modul in Topfplatten. Im März oder April kann man die Sämlinge mit 15 cm Abstand unter Abdeckungen ins Freiland setzen. Schutz vor Schnecken ist ratsam.

Sobald sich der Boden im Frühjahr erwärmt, ist auch Direktaussaat möglich: 5 cm tiefe Rille ziehen und Samen mit 1–2 cm Abstand hineinsäen. Später auf 12–15 cm ausdünnen.

Ernte Die Blätter werden geerntet, wenn sie groß genug sind. Lassen Sie noch Laub an der Pflanze, damit sie wieder neu austreibt. Das Herz muss intakt bleiben.

Erfolgsgeheimnisse

Die Blüten sind essbar, Blätter geschosster Pflanzen schmecken pfeffrig-scharf.

Bei Hitze und Trockenheit wird Rucola sehr scharf. Daher im Hochsommer beschatten.

Kann in milden Lagen ganzjährig kultiviert werden. Aussaat im Herbst, Ernte im Winter.

Rucola lässt sich in Schalen auf der Fensterbank als Microgreen ziehen (siehe S. 176).

Am wenigsten Aufwand hat man, wenn man zulässt, dass Rucola sich selbst aussät.

Auch die Wilde Rauke (*Diplotaxis tenuifolia*) wird als Rucola angeboten. Sie ist winterhart, mehrjährig und kann lange geerntet werden.

Sät man Rucola in regelmäßigen Abständen aus, hat man immer frische Blätter für die Küche parat. Kulturen im Schatten setzen nicht so leicht Blüten an.

Spinat

Spinacia oleracea

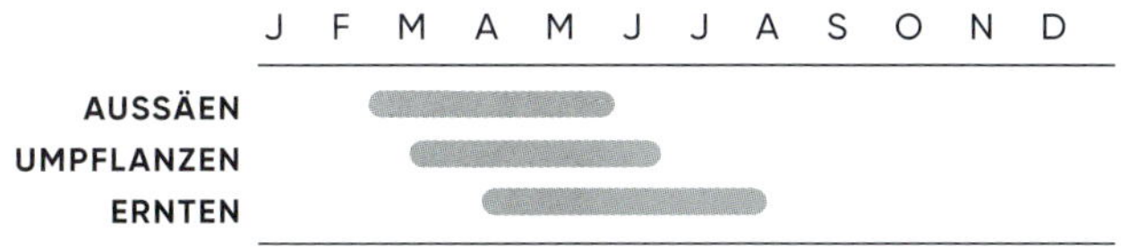

VON DER AUSSAAT BIS ZUR ERNTE
8–14 Wochen

SORTEN

'Apollo' F1 – wüchsig, ideal für frühe Ernte, sehr widerstandsfähig gegen Krankheiten

'Rubino' F1 – auffällig rote Triebe und Adern an grünem Laub

'Winterriesen' – hervorragende Winterhärte, großblättrig, ideal für späte Aussaaten

'Medania' F1 – sehr schossfest, mehltauresistent, ideal für die Sommerernte

HERKUNFT

Naher Osten, gedeiht gut als Blattgemüse für die kühlen Monate

WÄCHST AUCH IN

Zonen 1, 3, 4 und 6

WINTERHÄRTE

Winterhart

LEBENSZYKLUS

Einjährig

ERTRAG

★★★★/☆☆☆☆☆

AUFWAND

7/10

Mit seinem grünen Laub, dem schnellen Wachstum und seiner samtigen Textur ist Spinat weltweit gefragt. Er wächst unter verschiedensten Bedingungen und fordert lediglich viel Feuchtigkeit ein, um Unmengen vitaminreicher Blätter zu bilden. Ob frisch oder gekocht, aus der Küche ist er nicht wegzudenken.

Basics

Aussaat Wer früh ernten will, sät bereits im Haus in Topfplatten (2–3 Samen pro Modul). Im März–April kommen die Sämlinge mit 15 cm Abstand ins Freiland, bleiben aber noch unter Abdeckungen. Vor Schnecken schützen.

Hat sich der Boden im Frühjahr erwärmt, kann man auch direkt ins Freie säen. Dazu eine 5 cm tiefe Rille ziehen und mit 1–2 cm Abstand aussäen. Später auf 12–15 cm ausdünnen. Ausgezupfte Sämlinge sind essbar.

Ernte Ernten Sie die Blätter, sobald sie groß genug sind. Man kann genug einzelne Blätter pflücken oder die Pflanze als Ganzes ernten.

Erfolgsgeheimnisse

Wer früh ernten will, setzt die Sämlinge an sonnige, geschützte Plätze, damit sie von der Frühlingswärme profitieren.

Die Sorten mit der größten Winterhärte werden im Spätsommer ausgesät, damit man sie im Winter ernten kann.

Überschüsse kann man einfrieren; am besten vorher in Butter oder Öl dünsten.

Säen Sie regelmäßig kleinere Portionen aus. So bekommen Sie stets frischen Nachschub.

Im Schatten ist Spinat vor der Sommersonne geschützt, die Schossen verursacht.

Spinat gedeiht auch in Gefäßen und Pflanzsäcken, muss dort aber gut gewässert werden.

Himbeeren

Rubus idaeus

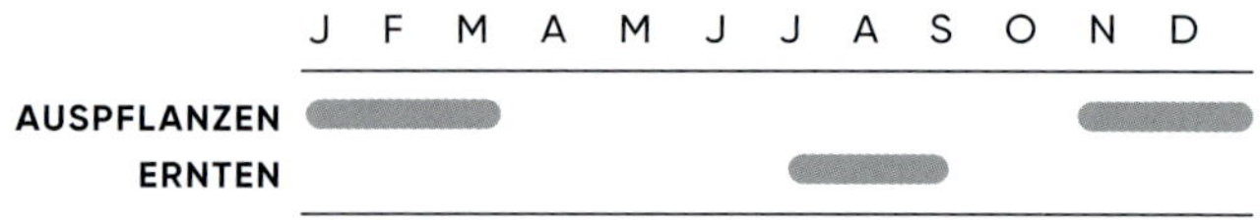

VOM EINPFLANZEN BIS ZUR ERNTE
6 Monate bis 2 Jahre

SORTEN
'Tulameen' – wüchsig, ertragreich, guter Geschmack, Sommersorte

'Ruby Beauty' – kompakte Sommersorte, bis 50 cm hoch

'Fallgold' – auffallend gelbe Früchte, Herbstsorte, wüchsig, stachelige Ruten

'Polka' – ertragreiche Herbstsorte, trägt bis zum ersten Frost

HERKUNFT
Ganz Europa, bevorzugt die kühlen, feuchten Frühjahrs- und Herbstbedingungen

WÄCHST AUCH IN
Zone 1, 3, 4 und 6, sofern nicht staunass

WINTERHÄRTE
Winterhart

LEBENSZYKLUS
Mehrjährig

ERTRAG
★★★★/☆☆☆☆☆

AUFWAND
8/10

Die unglaublich ertragreichen Himbeeren sind sehr vielseitig und gedeihen unter allen möglichen Bedingungen. Für die Topfkultur gibt es sogar Zwergformen. Die Beeren selbst haben einen einzigartigen Geschmack. Überschüsse lassen sich gut haltbar machen.

Die Sorten 'Fallgold' (oben) und 'Tulameen' (unten) tragen auch in schattigeren Gartenwinkeln gut.

Basics

Einpflanzen Pflanzen Sie die Ruten während der Winterruhe in unkrautfreie Erde, in die reife organische Substanz eingearbeitet wurde. Sommerhimbeeren setzt man am besten an stützende Wände bzw. Zäune oder hält sie mit Drähten aufrecht, die zwischen Pfosten gespannt werden.

Schnitt Gemulcht wird jährlich im Frühjahr. Herbsthimbeeren werden jeden Winter bis zum Ansatz zurückgeschnitten. Bei Sommerhimbeeren nimmt man abgetragene Ruten im Herbst heraus und bindet neue Triebe an.

Ernte Die Beeren zupft man mit einer Rollbewegung vom Trieb, sobald sie ihre endgültige Farbe haben. Ernten Sie am besten täglich, denn die Beeren werden unterschiedlich schnell reif.

Erfolgsgeheimnisse

Sommerhimbeeren tragen an einjährigen Ruten, die anschließend absterben.

Herbsthimbeeren fruchten an diesjährigen Ruten.

Kleine weiße Maden in den Beeren stammen vom Himbeerkäfer. Mit Pheromonfallen kann man ihn dezimieren.

Himbeeren bevorzugen saure Böden. Möglich ist Magnesiummangel, den man mit einem Blattdünger aus Bittersalz bekämpft.

Zu dichten und aus der Reihe tanzenden Wuchs entfernt man im Frühsommer.

Frische Triebe sind essbar. Die Blätter kann man zu einem Kräutertee aufbrühen.

Schwarzer Holunder

Sambucus nigra

	J	F	M	A	M	J	J	A	S	O	N	D
EINPFLANZEN	■	■	■	■						■	■	■
ERNTEN					■			■				

VOM EINPFLANZEN BIS ZUR ERNTE
1–3 Jahre

SORTEN

'Donau' – österreichische Züchtung, hoher Ertrag

'Guincho Purple' – hoher Zierwert, gefiederte, violette Blätter

'Golden Tower' – kompakt, säulenförmiger aufrechter Wuchs, lindgrünes Laub

'Madonna' – lebhaft cremeweiß und grün panaschiertes Laub, kompakt, sehr schön anzusehen

HERKUNFT
Europa; winterhart und anpassungsfähig

WÄCHST AUCH IN
Zonen 1, 3, 4, 6 und 7

WINTERHÄRTE
Winterhart

LEBENSZYKLUS
Großer Strauch

ERTRAG
★★/☆☆☆☆☆

AUFWAND
10/10

Man muss ihn einfach gern haben, diesen dekorativen, ertragreichen, fast unzerstörbaren Strauch. Er lässt sich gut durch einen Schnitt begrenzen. Seine Blüten eignen sich nicht nur für erfrischende Getränke und Eingemachtes, auch Insekten schätzen sie. Mit seinen riesigen Beerendolden ist der Holunder ein echter Erfolgstyp.

Basics

Einpflanzen Holunder kommt in Böden, die mit Gartenkompost oder reifem Stallmist verbessert wurden. Lockern Sie vorher spiralig gewachsene Wurzeln, drücken Sie die Erde vorsichtig fest und wässern Sie gut.

Schnitt Holunder muss nicht geschnitten werden. Die meisten Sorten entwickeln eine schöne Form. Wird er zu groß, lässt er sich jedoch gut zurechtstutzen. Das geschieht am besten im Winter, kann aber zu jeder Jahreszeit erfolgen.

Ernte Die Blüten werden geerntet, sobald sie sich öffnen. Dazu schneidet man die Blütenstände komplett ab und verarbeitet sie innerhalb eines Tages. Die Beeren lässt man ausreifen, bevor man sie erntet.

Holunder ist mit unterschiedlichsten Standorten zufrieden und blüht überall eifrig.

Erfolgsgeheimnisse

Damit Holunder kompakt bleibt, zieht man ihn als mehrstämmigen Strauch, nicht als einstämmigen Baum.

Für die Topfkultur ist eine kompakte Sorte zu empfehlen. Als Substrat wählt man eine 1:1-Mischung aus Garten- und Universalerde.

Am besten schmecken die Blüten, wenn man sie erntet, noch bevor der gelbe Blütenstaub freigesetzt wird.

Nach der Ernte die Blüten ein paar Stunden liegen lassen, damit Insekten fliehen können.

Die Beeren sollte man gekocht verzehren.

Als Beerenlieferanten eignen sich *S. n.* subsp. *caerulea*, *S. n.* subsp. *canadensis* und *S. racemosa*.

Minze

Mentha

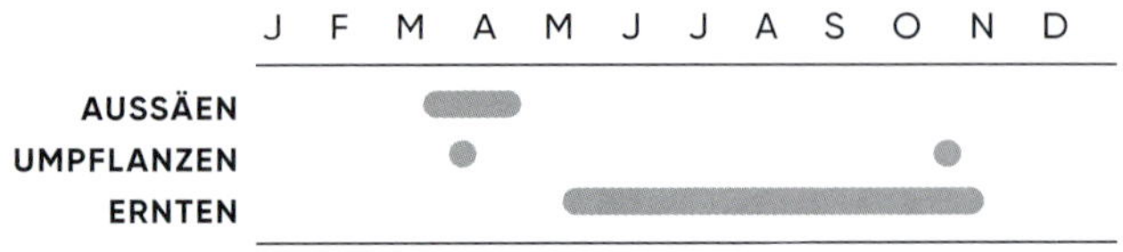

VON DER AUSSAAT BIS ZUR ERNTE
12–16 Wochen

SORTEN

***M. spicata* 'Tashkent'** – wüchsige Grüne Minze, runzliges Laub

***M. rotundifolia* 'Bowles'** – hohe Apfelminze, daunig behaarte eiförmige Blätter

***M.* × *piperita* 'Black Mitcham'** – Pfefferminze mit violett überlaufenen Blättern

M. aquatica – Wasserminze, gedeiht in sumpfigen Böden und Teichen

HERKUNFT

Eine vielgestaltige, weltweit verbreitete Gattung, die sich in feuchtem Schatten wohlfühlt

WÄCHST AUCH IN

Zonen 1, 3, 4 und 6

WINTERHÄRTE

Winterhart

LEBENSZYKLUS

Mehrjährig

ERTRAG

★★★★★/☆☆☆☆☆

AUFWAND

9/10

Mit ihrem unverkennbaren Duft und nie versiegenden Ausbreitungsdrang ist die Minze in aller Welt beliebt. Wo sie auch mitmischt, immer sorgt sie für denkwürdigen kulinarischen Genuss, ob frisch in Tabbouleh-Salat, als Marinade für Fleisch oder einfach nur in erfrischenden Sommercocktails.

Basics

Einpflanzen Minze wird meist aus Stecklingen oder durch Teilung vermehrt. Kaufen Sie Jungpflanzen und setzen Sie sie in Böden, in die reichlich organische Substanz eingearbeitet wurde. Ist der Wurzelballen verdichtet, lockert man ihn vorher gut.

Minze breitet sich über Rhizome aus. Um sie im Zaum zu halten, pflanzt man sie in große Gefäße, die man im Boden versenkt. Lassen Sie den Gefäßrand 2 cm aus dem Boden herausragen, damit sich keine Rhizome »davonstehlen«.

Ernte Geerntet werden kann Minze, sobald sie groß genug ist. Zupfen Sie einzelne Blätter ab oder schneiden Sie ganze Triebe heraus. Das Laub lässt sich trocknen, einfrieren oder zu Gelee und anderem Eingemachten verarbeiten.

Erfolgsgeheimnisse

Man kann Minze auch ansäen, aber sie keimt unzuverlässig. Besser ist die Vermehrung mit Rhizomen und Stecklingen.

Minze blüht, wenn man die Triebe nicht erntet. Bestäuber schätzen die Blüten.

Die Grüne Minze (*M. spicata*) lässt sich gut mit neuen Kartoffeln kombinieren, aber auch mit Erdbeeren und Himbeeren.

Minze eignet sich hervorragend für die Topfkultur. Sie muss aber immer gut gewässert werden.

Teilen Sie verdichtete Pflanzen während der Winterruhe mit einem alten Messer.

Wer im Winter frischen Nachschub haben möchte, topft einen Abschnitt im Herbst ein und stellt ihn auf eine warme Fensterbank.

Es gibt viele Arten. Auch empfehlenswert: *M. requienii*, *M. longifolia* und *M. suaveolens*.

Chilenische Guave

Ugni molinae

	J	F	M	A	M	J	J	A	S	O	N	D
EINPFLANZEN				●						●		
ERNTEN								●	●	●		

VOM EINPFLANZEN BIS ZUR ERNTE
1–3 Jahre

SORTEN

'Variegata' – Sorte mit hohem Zierwert, dunkelgrünes Laub, das mit der Zeit heller wird

'Butterball' – frischer Wuchs ist gelb, später sattgrün

'Flambeau' – silbrige Blätter mit cremegelbem Rand, rosa Austrieb

HERKUNFT

Kühle, feuchte Wälder in Südwestamerika

WÄCHST AUCH IN

Zone 6, wenn etwas Schatten vorhanden ist, auch in Zonen 1 und 3

WINTERHÄRTE

Nur in milden Gegenden winterhart; verträgt bis ca. –10 °C

LEBENSZYKLUS

Mehrjährig

ERTRAG

★★★/☆☆☆☆☆

AUFWAND

8/10

Sie wird seit Jahrhunderten wegen ihrer Beeren kultiviert. Im Geschmack erinnern sie an Ananas und Erdbeeren. Sie können frisch, gekocht oder getrocknet genossen werden. Die Glockenblüten der Pflanze sind schön anzusehen. Nach dem Einwachsen lockt reiche Ernte.

Basics

Einpflanzen Pflanzen Sie die Büsche in den Halb- oder Vollschatten und in Böden, in die Gartenkompost oder reifer Dung eingearbeitet wurde. Sie können frei stehend oder als Spalier kultiviert werden.

Schnitt Kaum erforderlich. Man kann die Sträucher als niedrige Hecke ziehen. Bei Trockenheit wässern. Im Herbst oder Frühjahr jährlich mit Rindenmulch oder einem ähnlichen organischen Material mulchen.

Ernte Die Beeren werden vom Spätsommer bis in den Herbst geerntet. Sie können frisch gegessen oder zu Marmelade verarbeitet werden, da sie einen hohen Anteil Pektin enthalten. Auch Einfrieren ist möglich.

Erfolgsgeheimnisse

Eingepflanzt wird im Oktober oder April in warme Böden.

Die duftenden Glockenblüten sind eine Nektarquelle für früh fliegende Bestäuber.

Wo Platz knapp ist, zieht man sie als Spalier.

Topfkultur ist möglich. In dickwandigen Gefäßen bleibt der Ballen kühl und feucht.

Jungpflanzen sind frostgefährdet, ältere Pflanzen jedoch robuster.

***U. montana* ist eine mexikanische Art** mit glänzenden schwarzen Beeren.

Die Früchte Chilenischer Guaven lassen sich sehr gut in der Küche verwerten.

Mangold

Beta vulgaris subsp. *vulgaris*

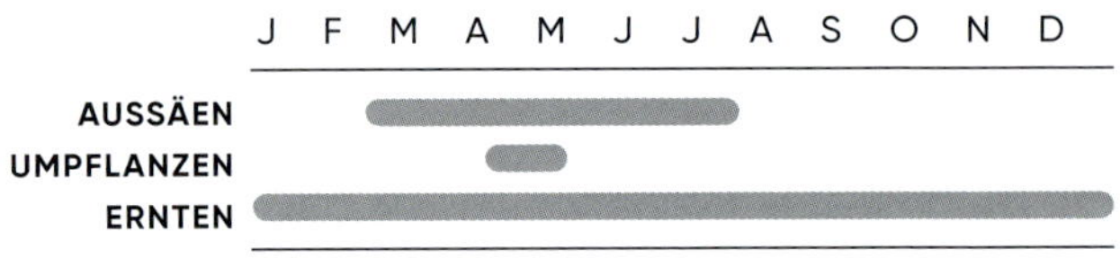

VON DER AUSSAAT BIS ZUR ERNTE
5–14 Wochen

Die stattlichen Blätter der Sorte 'Ruby' werden zart und mild, wenn man sie vor allzu starker Sonne schützt.

SORTEN

Blattmangold – sattgrünes Laub, winterhart, ertragreich

'Lucullus' – große, glänzend grüne Blätter, dicke weiße Mittelrippen, wüchsig

'Bright Lights' – Blätter mit roten, gelben, weißen, orangen und rosa Mittelrippen

'Fantasy' – eine der besten Sorten mit roten Mittelrippen, ohne bitteren Nachgeschmack

HERKUNFT

Ganz Europa

WÄCHST AUCH IN

Zonen 1, 3, 4 und 6

WINTERHÄRTE

Winterhart, sollte aber vor starkem Frost geschützt werden, da die Pflanzen dadurch Schaden nehmen können

LEBENSZYKLUS

Zweijährig, wird aber einjährig gezogen

ERTRAG

★★★★/☆☆☆☆☆

AUFWAND

8/10

Kein Wunder, dass dieses Gemüse so geschätzt wird, ist es doch nicht nur fotogen, sondern auch ertragreich, robust und leidet kaum unter Schädlingen oder Krankheiten. Seine Farben und die gesunden Inhaltsstoffe machen es noch begehrenswerter. Es kann gedünstet für Currys, Quiches, Nudeln, Gratins oder Suppen verwendet werden.

Basics

Aussaat Im Frühjahr 1 cm tief in Topfplatten im Haus. Sobald die Sämlinge groß genug sind, kommen sie mit 20 cm Abstand ins Freie – dort, wo es noch kalt werden kann, am besten unter Abdeckungen. Bis Mangold gut eingewachsen ist, wird er gut gewässert und die Umgebung gejätet.

Wenn es im Frühjahr merklich wärmer wird, kann man Mangold auch direkt in gut vorbereitete Böden säen. Dazu 3 cm tiefe Rillen ziehen, Samen dünn hineinstreuen, mit Erde bedecken und festdrücken. Später auf 20 cm Abstand ausdünnen.

Ernte Sobald das Laub 12–15 cm hoch ist, kann man Babyblätter abschneiden. Dann gut düngen und wässern, damit die Pflanzen wieder austreiben. Größere Pflanzen können geerntet werden, sobald sich das Laub ausreichend entwickelt hat, doch sollte man auch hier die Rosette in der Mitte belassen.

Erfolgsgeheimnisse

Mangold kann drinnen das ganze Jahr als Pflücksalat kultiviert werden.

Um eine gute Keimrate zu erreichen, werden trockene Böden vor der Aussaat von Mangold gut gewässert.

Ausgedünnte Sämlinge von Direktaussaaten sind essbar.

Wer im Winter und zeitigen Frühjahr ernten möchte, kann im Hochsommer aussäen.

Einzelne Blätter von älteren Pflanzen lassen sich ernten, indem man sie einfach mit einer Drehbewegung vom Ansatz löst.

Wässern Sie bei ausbleibendem Regen, um ein Schossen zu vermeiden. Im zweiten Standjahr setzt Mangold Samen an.

Abessinischer Kohl

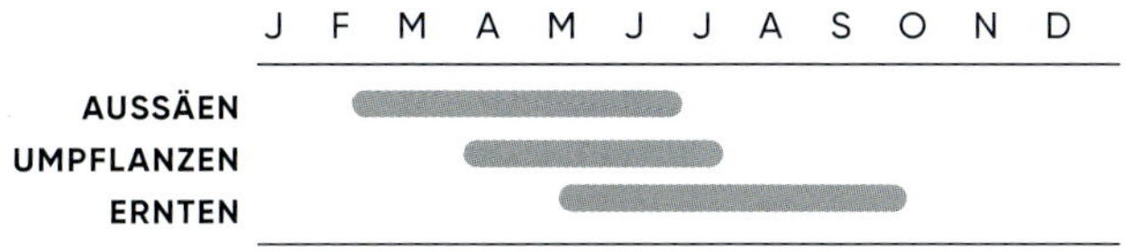

VON DER AUSSAAT BIS ZUR ERNTE
8–12 Wochen

Brassica carinata

SORTEN
Auch als Äthiopischer Senf im Handel erhältlich

HERKUNFT
Wird dank seiner Anpassungsfähigkeit in tropischen und gemäßigten Zonen verstärkt angebaut

WÄCHST AUCH IN
Zonen 1 und 3

WINTERHÄRTE
Winterhart

LEBENSZYKLUS
Einjährig

ERTRAG
★★★★/☆☆☆☆☆

AUFWAND
7/10

Dieser Blattkohl gedeiht im Schatten ebenso gut wie in der Sonne, allerdings nehmen die Blätter im Schatten einen herrlich milden, saftigen Geschmack an, während die Blütenstiele, die wie Brokkoli verzehrt werden können, zart und faserfrei geraten.

Basics

Aussaat Wer früh ernten möchte, sät im Haus in Topfplatten aus – ein Samenkorn pro Modul genügt. Siedelt man die Sämlinge anschließend ins Freiland um, brauchen sie 30 cm Abstand und sollten zunächst unter Abdeckungen weiterkultiviert werden. Schützen Sie die Pflänzchen vor Schnecken.

Sobald der Boden im Frühjahr warm genug ist, kann man auch direkt ins Freiland säen. Ziehen Sie dazu eine 5 cm tiefe Rille und säen Sie die Samen mit 1–2 cm Abstand hinein. Später wird auf 30 cm Abstand ausgedünnt. Die ausgezupften Pflänzchen kann man gut in der Küche verwerten.

Ernte Geerntet wird, sobald die Pflanzen groß genug sind. Lassen Sie aber noch genug Laub daran, damit sie noch einmal austreiben und frische Blätter ansetzen können. Im Lauf der Saison schossen die Pflanzen und blühen.

Erfolgsgeheimnisse

Schützen Sie die Kulturen mit einem feinmaschigen Netz vor Erdflöhen, Kohlfliegen und Schmetterlingen.

Kohlhernie kann man vermeiden, indem man eher saure Böden kalkt.

Abessinischer Kohl ist anpassungsfähig und gedeiht in der Sonne ebenso wie im Schatten.

Ganzjähriger Nachschub ist garantiert, wenn Sie im August ansäen, um im Winter im geschützten Anbau ernten zu können.

Durch regelmäßiges Abernten wird man kontinuierlich mit zarten, milden Blättern versorgt.

Blühen die Pflanzen, lässt man sie in der Erde, denn sie locken Nützlinge an.

Wenn sich zum Saisonende Schoten bilden, sammelt man sie, um sie später als Saatgut zu verwenden.

Pak Choi und Co.

Brassica rapa

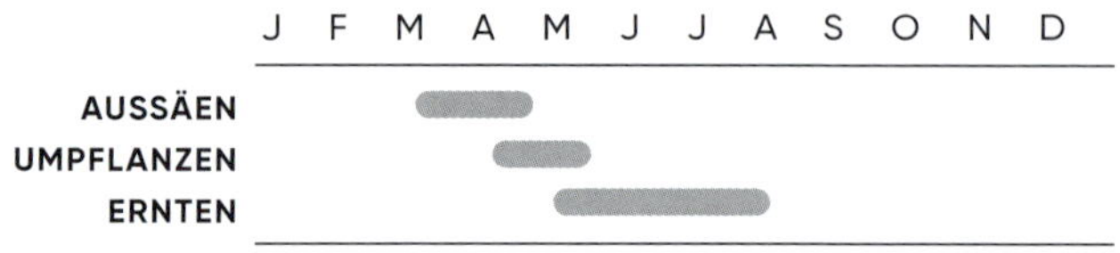

VON DER AUSSAAT BIS ZUR ERNTE
6–10 Wochen

SORTEN

Pak Choi 'Red Choi' F1 – wüchsige, dunkelrote Rosetten; guter Zierwert

Pak Choi 'Tai Sai' – groß, ertragreich, weiße Stiele

Tatsoi 'Rozetto' F1 – gedrungene, dunkelgrüne Rosetten, runzlige Blätter, gesund, ertragreich

Chinakohl 'Scansie' F1 – dekorative, längliche Köpfe, ertragreich, Blätter in lebhaftem Rosa

HERKUNFT

Asien, gedeiht besonders gut unter feuchtwarmen Bedingungen, sofern es nicht zu heiß wird

WÄCHST AUCH IN

Zonen 1 und 3

WINTERHÄRTE

Nicht winterhart, verträgt nur wenig Frost

LEBENSZYKLUS

Einjährig

ERTRAG

★★★★★/☆☆☆☆☆

AUFWAND

7/10

Diese Kohlgruppe gedeiht unter kühleren Bedingungen und in feuchten Böden. Sie ist vielseitig und kann als Pflücksalat, Babygemüse oder in Form voll ausgereifter Pflanzen für die Küche verwendet werden. Die dicken, saftigen Blätter mit knackiger Mittelrippe vereinen in sich mehrere Texturen.

Basics

Aussaat Wer früh ernten möchte, sät im Haus in Topfplatten mit einem Samen pro Modul. Im März oder April kommen die Sämlinge mit 30 cm Abstand ins Freie, aber unter Abdeckungen. Vor Schnecken schützen.

Wenn es wärmer wird, kann man auch ins Freiland aussäen. Dazu ziehen Sie eine 5 cm tiefe Saatrille und säen mit 1–2 cm Abstand aus. Später auf 30 cm Abstand ausdünnen. Die ausgezupften Pflänzchen sind essbar.

Pak Choi and Tatsoi liefern in halbschattigen Beeten besonders saftige, zarte Blätter.

Ernte Reife Pflanzen werden auf Bodenhöhe abgeschnitten. Schossen sie, verwertet man die Blütenstände und Pflanzen rasch.

Erfolgsgeheimnisse

Pak Choi oder Chinesischer Senfkohl kann bei Hitze und Trockenheit rasch schossen.

Schützen Sie die Pflanzen vor Schnecken, vor allem während des Einwachsens.

Alle Varianten lassen sich auch sehr gut in Töpfen kultivieren, müssen darin aber gut gewässert werden.

Man kann sie als Microgreens verwerten oder ausreifen lassen.

Eine frühe oder späte Aussaat bei kühler Witterung senkt das Schossrisiko.

Die Pflanzen werden im Nu erntereif, vor allem bei warmem Wetter. Wer länger ernten will, kann sukzessive mehrere Sätze ansäen.

Szechuan-pfeffer und Co.

Zanthoxylum

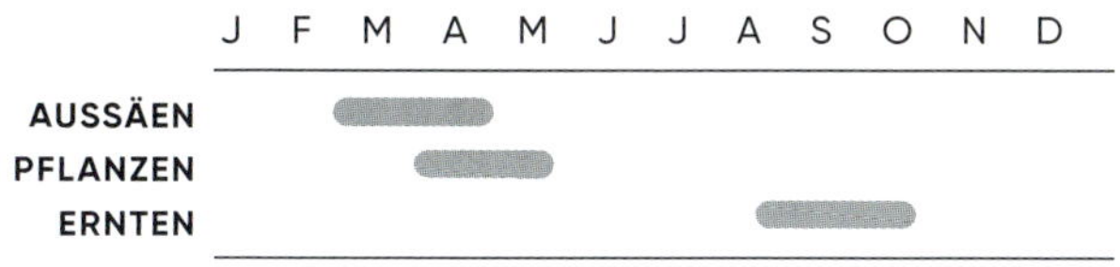

VON DER AUSSAAT BIS ZUR ERNTE
3–5 Jahre

ARTEN

Z. simulans – Täuschende Stachelesche, wird bis 4 m hoch, gelbe Blüten, rosa Früchte

Z. piperitum – Szechuan-pfeffer, wird 3 m hoch, creme-weiße Blüten, rote Früchte

Z. bungeanum – Höhe bis zu 3 m, lebhaft rosa Früchte direkt an den Trieben

Z. acanthopodium – Indo-nesischer Zitronenpfeffer, 2 m hoch, hellrosa Früchte, die direkt an den Trieben sitzen

HERKUNFT

Kühle, feuchte Bergregionen in Süd- und Ostasien

WÄCHST AUCH IN

Zonen 1, 3 und 6

WINTERHÄRTE

Winterhart

LEBENSZYKLUS

Mehrjährig

ERTRAG

★★/☆☆☆☆☆

AUFWAND

8/10

Zanthoxylum-Arten werden in ganz Asien seit Jahrhunderten als wichtiges Gewürz kultiviert. Die aromatischen Körner haben einen intensiven Geschmack und rufen verschiedenste Reaktionen hervor – von prickelnd über betäubend und wärmend bis elektrisierend. Sie beleben jedes Gericht.

Basics

Aussaat Säen Sie im März in Töpfe im Haus. Es kann dauern, bis die Samen keimen. Sobald die Sämlinge groß genug sind, setzt man sie an ihren endgültigen Platz ins Freie, wässert und mulcht gut.

Schnitt Die Sträucher müssen kaum geschnitten werden und können sich selbst überlassen bleiben. Schwache Triebe nimmt man heraus. Bei Bedarf kann man die Gehölze leicht in Form bringen.

Ernte Im Frühsommer öffnen sich unscheinbare Blüten, gefolgt von Beerenbündeln, die man im Herbst erntet, trocknet und in einem luftdicht verschließbaren Glas lagert.

Erfolgsgeheimnisse

Ausgesäte Exemplare brauchen Jahre, bis sie tragen, daher möglichst Jungpflanzen kaufen.

Mischen Sie das Saatgut mit feuchter Erde und frieren Sie es einen Monat lang in einem Beutel ein, bevor Sie es aussäen.

Einzelpflanzen fruchten ebenfalls, doch ist der Ertrag höher, wenn mehrere gepflanzt werden.

Die Samen selbst werden nicht gegessen, sondern nur die Kapseln. Sie trennen sich von den Samen, während sie trocknen.

Frische Früchte schmecken anders als getrocknete. Auch von Art zu Art ist der Geschmack unterschiedlich.

Im feuchten Schatten setzt Szechuanpfeffer besonders viele Früchte an.

Zehn weitere Gartenstars

Winterzwiebel

Winter- oder Frühlingszwiebeln (*Allium fistulosum*) werden vor allem wegen ihrer essbaren Triebe gezogen. Sie liefern das ganze Jahr frisches Grün. Im Sommer erscheinen runde Blütenstände, die eine gute Bienenweide sind.

Fuchsien

Die winterharte Scharlach-Fuchsie (*Fuchsia magellanica*) setzt wie die nicht winterharten *F. splendens* und *F. boliviana* sowie *F.* 'Coralle' viele Früchte an. Winterharte Formen können im Freien gezogen werden, die anderen bleiben in Töpfen und kommen im Winter nach drinnen. Die Beeren haben einen pfeffrigen Geschmack, dessen Intensität sich von Art zu Art unterscheidet. Die Blüten sind sehr dekorativ.

Mashua

Tropaeolum tuberosum ist zwar nicht ganz winterhart, doch werden die eiweißreichen, würzigen Knollen durch leichte Frosteinwirkung milder. Besonders dekorativ: die Sorte 'Ken Aslet' mit gelborangen Blüten.

Koriander

Coriandrum sativum ist ein Mittelmeerkraut, das viel Laub ansetzt, wenn man ihm etwas Schatten zugesteht, während es in der Sonne oft schosst und Samen ansetzt. Es lässt sich gut in Sätzen aussäen. Auch die Wurzeln und Samen sind essbar.

Bittere Reichardie

Die Staude von mediterraner Herkunft, lat. *Reichardia picroides*, ist eine pflegeleichte Alternative zu Blattsalaten. Sie gedeiht in der Sonne wie im Halbschatten. Ihre hübschen gelben, astern-

Koriander (unten links) blüht im Schatten später als sonst. Das Scheibenschötchen (unten rechts) zeigt gute Schattentoleranz und wird nicht von Schnecken behelligt.

artigen Blüten öffnen sich den ganzen Sommer und sind in Bestäuberkreisen ein beliebtes Anflugziel. Die Pflanze sät sich selbst aus und scheint auch von Schnecken unbehelligt zu bleiben.

Liebstöckel

Das winterharte Liebstöckel (*Levisticum officinale*) hat gefiedertes Laub mit Selleriegeschmack. Besonders gut: frischer Frühjahrswuchs; die Intensität älterer Blätter kann man durch Blanchieren unter großen Töpfen mildern. Die Dolden sind ein Insektenmagnet.

Lauch-Scheibenschötchen

Peltaria alliacea gehört zur Kohlfamilie, stammt aus Osteuropa und ist eine Waldstaude, die bis zu 1 m hoch wird. Junglaub hat einen angenehmen, milden Knoblauchgeschmack, der mit der Zeit intensiver wird. Schöne weiße Blüten und traubige Samenstände.

Felsenbirnen

Unter diesem Namen werden mehrere nordamerikanische Arten von *Amelanchier* zusammengefasst (*A. alnifolia*, *A. × lamarckii*, *A. confusa*, *A. stolonifera*). Im Frühjahr öffnen die Gehölze weiße Sternblüten, gefolgt von Beeren, die roh oder gekocht schmecken.

Komatsuna

Brassica rapa, auch Rübsen genannt, wird wegen der eiförmigen Blätter mit pfeffrigem Geschmack gezogen, die man als Babylaub oder älter verwerten kann. Die winterharten Pflanzen legen vor allem in den kühleren Monaten zu. Wer kontinuierlich ernten möchte, sät nacheinander mehrere Sätze aus.

Große Kapuzinerkresse

Die orangen, roten oder gelben Blüten von *Tropaeolum majus* bringen Farbe in schattigere Winkel. Sie sind wie die Blätter und Samen essbar und zeichnen sich durch einen pfeffrigen Geschmack aus. Man zieht sie am besten einjährig. Die Pflanze ist eine eifrige Selbstaussäerin.

Komatsuna (ganz oben) legt bei kühler Witterung mächtig zu. Kapuzinerkresse (oben) ist ein guter Bodendecker für den Schatten: Blätter, Blüten und Samen sind gleichermaßen in der Küche verwertbar.

Projekt:

So entsteht ein Wildbeeren-paradies

Was würden wir nur ohne Erdbeeren, Himbeeren und Co. tun? Nun, wir würden durch die freie Natur springen und nach anderen Beeren suchen. Aber genau das kann man auch in seinen eigenen Strauchrabatten tun. Die hier aufgelisteten Beerensträucher gedeihen im Halbschatten und sind eine erfrischende Alternative zu den gängigen Früchten. Wer seine Rabatten damit bestückt, bekommt reichlich Nachschub für Desserts, Eingemachtes und Soßen.

Es gibt Dutzende Beerenpflanzen, die in schattigen Garten prächtig gedeihen (siehe Liste gegenüber). Dazu gehören die supergesunden Berberitzen und die Früchte des Bocksdorns, Goji-Beeren genannt, aber auch leckere Chilenische Guaven und Allackerbeeren. Die hier vorgeschlagenen Arten sind überwiegend winterhart und versorgen Sie über viele Jahre hinweg mit Frischem aus der Beerenrabatte.

Bei dem riesigen Angebot sollte man sich immer auch nach der endgültigen Höhe und Breite der anvisierten Gewächse erkundigen. Alle kommen bestens mit Halbschatten zurecht. Der Lichtmangel verleiht manchen Beeren sogar einen typisch säuerlichen Geschmack, den man sich für Marmeladen, Gelees oder anderes stark zuckerhaltiges Eingemachtes zunutze machen kann. Nicht verkehrt ist es ferner, an die Vögel zu denken, denen die Beeren ebenfalls schmecken. Man kann seine Kulturen zwar mit einem Netz vor ihnen schützen, aber wer stattdessen die Philosophie »leben und leben lassen« vertritt, wird mit einem Garten belohnt, der nicht wie eine Festung aussieht.

Oben, von links nach rechts: *Berberis vulgaris*, *Berberis darwinii*, *Rubus chamaemorus* und *Ugni molinae*. Sie alle versorgen Sie auch in schattigen Rabatten mit Beerenfrüchten.

Sie brauchen

Beerensträucher
Grabgabel oder Spaten
Langzeitdünger
Organische Substanz zum Mulchen

Schritt für Schritt

1 Die Pflanzen in ihren Töpfen auf das Beet stellen. Herumprobieren, bis Sie mit dem Arrangement zufrieden sind. Die gewünschte Aufstellung fotografieren.

2 Pflanzen entfernen und Beet umgraben. Dabei Dünger ins Erdreich einarbeiten. Für jeden Strauch ein Pflanzloch ausheben, das etwas breiter als der Wurzelballen ist.

3 Pflanzen aus den Töpfen ziehen, verdichtete Wurzeln lockern und einpflanzen.

4 Eingepflanzte Sträucher gut wässern. Den gesamten Bereich 4–5 cm dick mulchen.

Geeignete Beerensträucher:

*Temu cruckshanksii**
*Luma apiculata**
Jostabeere (*Ribes* × nidigrolaria)
Oregon-Stachelbeere (*Ribes divaricatum*)
Großfrüchtige Zierquitte (*Chaenomeles cathayensis*)
Maqui (*Aristotelia chilensis*)*
Japanische Kopfeibe (*Cephalotaxus harringtonia*)
Korallen-Ölweide (*Elaeagnus umbellata*)
Scharlach-Fuchsie (*Fuchsia magellanica*)
Gewöhnliche Mahonie (*Mahonia aquifolium*)
Chilenische Guave (*Ugni molinae*)*
Blaue Heckenkirsche (*Lonicera caerulea*)
Darwins Berberitze (*Berberis darwinii*)
Gemeiner Bocksdorn (*Lycium barbarum*)
Schwarze Apfelbeere (*Aronia melanocarpa*)

*verträgt keine Temperaturen unter -5 °C

Wer einen Garten hat, in dem Bedingungen der Zone 6 herrschen, geht oft davon aus, dass dort sowieso kaum etwas Nutzbares wächst. Weit gefehlt! Unter solch kühlen, geschützten Bedingungen gedeihen etliche Nutzpflanzen, denn hier kann sich zartes Laub entfalten, ohne von Wetterextremen gebeutelt und versengt zu werden. Die dicken Stangen des Rhabarbers und des Staudenselleries etwa lassen sich dort genauso anbauen wie zarte Funkientriebe und Straußenfarne. Winterportulak, Mizuna, Krähenfuß-Wegerich (auch Minutina genannt) und Ampfer bereichern Salate mit unglaublicher Geschmacksvielfalt. Schattenliebende Lieferanten von Blattgemüse wie der Kaukasische Rankspinat und die Blasen-Nessel dienen als Kulisse für Kräuter wie Petersilie, Veilchen und Kerbel. Schwarze Johannisbeere und Apfelbeere bereichern den ungewöhnlichen Mix um Beerenfrüchte.

Zone 6
Schattig und feucht

Knollen- und Staudensellerie

Apium graveolens

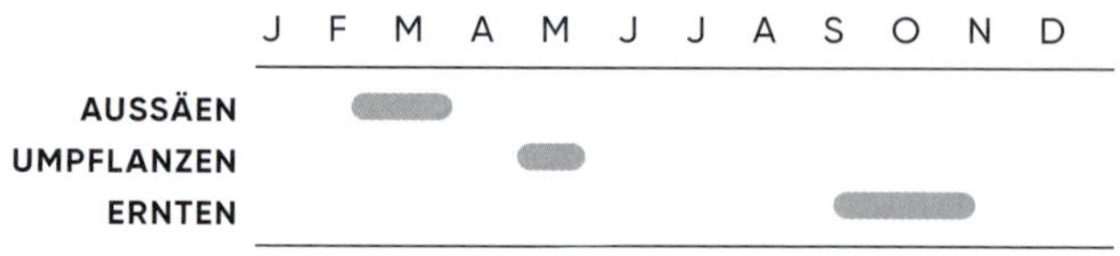

VON DER AUSSAAT BIS ZUR ERNTE
28–32 Wochen

SORTEN

Knollensellerie 'Monarch' – gesund, sattgrünes Laub, reinweißes Fleisch

Knollensellerie 'Prinz' – große Knollen, schossfest

Staudensellerie 'Pascal' – verlässlich, groß, robust

Staudensellerie 'Tall Utah' – wüchsig, ertragreich, aromatisch

HERKUNFT

Mittelmeerraum

WÄCHST AUCH IN

Zonen 2, 3, 4 und 5, falls dort viel Wasser verfügbar ist

WINTERHÄRTE

Verträgt leichten Frost

LEBENSZYKLUS

Zweijährig, wird aber einjährig kultiviert

ERTRAG

★★★/☆☆☆☆☆

AUFWAND

6/10

Mit ihrem unverkennbaren Geschmack machen die beiden Sellerievarianten ihr langsames Wachstum locker wett. Sellerie ist etwas für die kühlere Jahreszeit und belohnt unsere Geduld mit knackigem Grün in Stangenform zu Käse und Knabbergebäck oder als wärmende Knolle in Eintöpfen oder Suppen.

Basics

Aussaat Ausgesät wird Sellerie in Saatschalen mit Saaterde. Die Samen nur leicht andrücken. Bis zur Keimung kann es 3–4 Wochen dauern, daher etwas Geduld aufbringen. Das Substrat leicht feucht halten.

Einpflanzen Die Sämlinge werden mit 30 cm Abstand in Erde gepflanzt, die mit reichlich organischer Substanz aufgewertet wurde. Gut wässern und bei feuchtem Wetter vor Schnecken schützen.

Ernte Wichtig ist gutes Jäten. Sellerie sollte den ganzen Sommer hindurch regelmäßig mit Flüssigdünger versorgt werden. Geerntet wird er, sobald er im Herbst die geeignete Größe hat.

Bei regelmäßiger Versorgung mit Wasser reifen beide Sellerievarianten bis zum Saisonende gut aus.

Erfolgsgeheimnisse

Pflanzen Sie die Setzlinge nach draußen, bevor der Ballen zu stark durchwurzelt ist.

Mulchen Sie den Wurzelraum mit organischer Substanz, um Unkraut zu unterdrücken und Bodenfeuchtigkeit zu speichern.

Sobald Blätter Fraßspuren von Minierfliegen zeigen, entfernen Sie sie.

Die äußeren Blätter von Knollensellerie werden im Sommer entfernt.

Ernten Sie die Knollen vor dem ersten Frost. Blätter und Wurzeln werden abgeschnitten, dann lagert man sie in feuchtem Sand.

Staudensellerie im Winter mit Hauben schützen, auf die man alte Decken legt.

Rhabarber

Rheum rhabarbarum, R. × hybridum

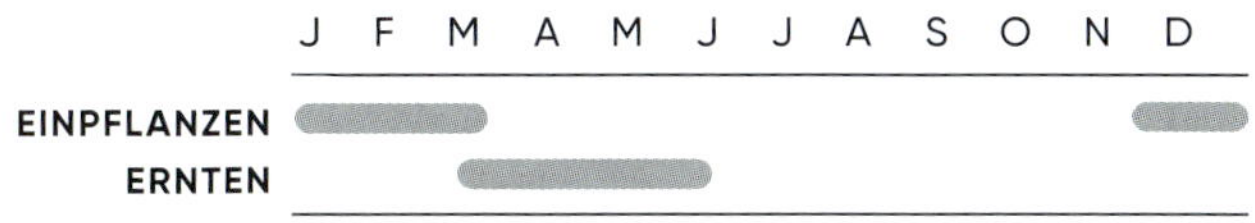

VOM EINPFLANZEN BIS ZUR ERNTE
1–2 Jahre

SORTEN

'Livingstone' – kompakte Sorte, die bis zum Frühherbst wächst

'Timperley Early' – robust, frühe Ernte, dicke rotgrüne Stangen

'Raspberry Red' – auch als 'Frambozen Rood' im Handel, gesund, süße rote Stangen, muss nicht gebleicht werden

'Red Champagne' – wüchsig, verlässlich, früh bis mittelfrüh, rosa Fruchtfleisch

HERKUNFT

Europa einschließlich Skandinavien; durch Züchtung sind robuste Sorten entstanden, die viel Feuchtigkeit brauchen

WÄCHST AUCH IN

Zonen 1, 3, 4 und 5

WINTERHÄRTE

Winterhart

LEBENSZYKLUS

Mehrjährig

ERTRAG

★★★★★/☆☆☆☆☆

AUFWAND

10/10

Er geizt nicht mit Stangen und ist gänzlich unkompliziert – wen wundert es da, dass Rhabarber bei Einsteigern wie erfahrenen Hobbygärtnern hoch im Kurs steht? Durch Vortreiben kann man die dicken, süß-sauren Stangen in delikate, zarte Versuchungen verwandeln.

Basics

Einpflanzen Pflanzen Sie Rhabarber am besten im Herbst. Aber auch im Frühjahr bekommen Sie getopfte Ware. Arbeiten Sie viel organische Substanz in den Boden ein.

Pflege Widerstehen Sie der Versuchung, im ersten Jahr zu ernten – die Pflanzen müssen zuerst ordentlich einwachsen. Bis dahin sollte man fleißig jäten und jährlich mit gut verrotteter organischer Substanz mulchen.

Ernte Ernten Sie die Stangen erst, wenn sie ihre endgültige Größe erreicht haben. Im zweiten Jahr schneidet man ein paar Stangen, später ein Drittel. Die Pflanzen dürfen nur alle zwei Jahre vorgetrieben werden, damit sie Zeit haben, sich zu erholen.

Erfolgsgeheimnisse

Exemplare in Winterruhe werden so gepflanzt, dass sich der Ansatz auf oder knapp über Bodenniveau befindet.

Säen Sie Rhabarber im Frühjahr aus. Die Sämlinge fallen unterschiedlich aus und wachsen nur langsam heran.

Blütenstände zwickt man stets ab.

Teilen Sie Rhabarber alle 4–6 Jahre im Spätherbst. Dazu werden die fleischigen Wurzeln in Teile geschnitten, die noch je mindestens zwei Knospen haben müssen.

Vorgetrieben wird mittels eines großen umgedrehten Topfes oder einer Tonglocke. Schützen Sie die Pflanzen vor Schnecken.

Ernten Sie die Stangen, indem Sie sie einfach am Ansatz packen und abdrehen.

Die riesigen Rhabarberblätter sind für einen Platz mit etwas Schatten dankbar.

Winterportulak

Claytonia perfoliata

	J	F	M	A	M	J	J	A	S	O	N	D
AUSSÄEN		■	■					■	■			
UMPFLANZEN			■	■								
ERNTEN	■	■	■	■	■	■	■				■	■

VON DER AUSSAAT BIS ZUR ERNTE
10–14 Wochen

SORTEN
In der Regel wird nur die Art verkauft

HERKUNFT
Kommt natürlich an Waldrändern in Nordamerika vor und gedeiht in kühlen, feuchten Herbst- und Frühjahrsmonaten

WÄCHST AUCH IN
Zonen 3, 4 und 5

WINTERHÄRTE
Völlig winterhart

LEBENSZYKLUS
Einjährig

ERTRAG
★★★★/☆☆☆☆☆

AUFWAND
8/10

Das Angebot an schmackhaften Blättern, die den Appetit auf Salat stillen, ist im Sommer riesig, doch anders sieht es im Winter aus. Zum Glück gibt es dieses winterharte Gemüse, auch Winterpostelein und Tellerkraut genannt, das reichlich fleischiges, mildes Laub liefert.

Basics

Aussaat Säen Sie Samen im Frühjahr nur wenige Millimeter tief in kleine Töpfe oder Schalen unter Glas aus. Sobald die Sämlinge groß genug sind, um herausgenommen werden zu können, setzt man sie in ein größeres Gefäß und zieht sie geschützt weiter an.

Einpflanzen Sobald das Wurzelsystem gut entwickelt ist, kommen die Pflänzchen mit 15 cm Abstand ins Freie. Streuen Sie Bio-Schneckenkorn und halten Sie das Beet unkrautfrei.

Ernte Die Blätter können geerntet werden, sobald sie groß genug sind, entweder, indem man sie nach Bedarf einzeln abzupft (lässt man den Ansatz intakt, kann man mehrmals ernten) oder die ganze Rosette abschneidet.

Winterportulak ist schattenverträglich und ein ideales Gemüse für die kalte Jahreszeit.

Erfolgsgeheimnisse

Ausgesät wird im Spätsommer oder Frühherbst, damit die Pflanzen überwintern und in der kalten Jahreszeit Blätter liefern.

Lässt man die Pflanzen blühen und Samen ansetzen, breiten sie sich im Garten aus.

Winterportulak ist winterhart und steckt bis −20 °C weg, ist also ideal für raue Lagen.

Damit Portulak im Winter üppigen, weichen Wuchs ansetzt, zieht man ihn unter Abdeckungen, etwa im Frühbeet.

Die Pflanzen säen sich von selbst aus und ziehen im Sommer ein. Im Herbst erscheinen frische Sämlinge.

Ein weiterer empfehlenswerter Wintersalat ist der Sibirische Portulak (*C. sibirica*).

Schwarze Johannisbeeren

Ribes nigrum

	J	F	M	A	M	J	J	A	S	O	N	D
EINPFLANZEN	●	●	●								●	●
ERNTEN						●	●	●				

VOM EINPFLANZEN BIS ZUR ERNTE
1–3 Jahre

SORTEN

'Ben Connan' – kompakt, früh, ausgezeichneter Geschmack und Ertrag

'Ben Sarek' – mittelfrüh, kann gekocht oder frisch gegessen werden, kompakt

'Big Ben' – aufrechter Wuchs, große Zweinutzungsbeeren, früh

'Ben Lomond' – wüchsig, sehr ertragreich, spät

HERKUNFT
In der nördlichen Hemisphäre weit verbreitet

WÄCHST AUCH IN
Zonen 1, 3, 4 und 5

WINTERHÄRTE
Winterhart

LEBENSZYKLUS
Mehrjährig

ERTRAG
★★★★/☆☆☆☆☆

AUFWAND
8/10

Es gibt wenig Obst, das einen so konzentrierten, unverkennbaren Geschmack bietet wie Schwarze Johannisbeeren. Deshalb gehören sie auch zu den beliebtesten Rohstoffen für Sirup. Weil sie Jahr für Jahr verlässlich hohe Erträge liefern, sollte man ihnen auf jeden Fall einen Platz im Garten einräumen.

Basics

Einpflanzen Pflanzen Sie die Büsche am besten während der Winterruhe. Davor wird reichlich gut verrottetes organisches Material in den Boden eingearbeitet, denn Schwarze Johannisbeeren sind hungrig.

Schnitt Schwarze Johannisbeeren tragen vorwiegend an jungem Holz, also ein-, zwei- und dreijährigen Trieben. Jungpflanzen brauchen daher kaum Schnitt, solange sie noch zulegen. Später wird ein Teil des ältesten Holzes älterer Büsche jährlich entfernt.

Ernte Lassen Sie die Rispen voll ausreifen, bevor Sie als Ganzes geerntet werden. Setzt man sich bei längeren Erntedurchgängen neben die Sträucher, statt zu buckeln, bedanken sich Knie und Rücken.

Besonders gut wachsen und tragen Schwarze Johannisbeeren, wenn sie im Sommer in einem Beet mit ständig feuchter Erde stehen.

Erfolgsgeheimnisse

Frisch gepflanzte Büsche stark zurückschneiden, um die Wurzelbildung zu fördern.

Lässt der Ertrag nach, schneidet man alle Triebe im Winter bis zum Boden zurück.

Schneiden Sie Büsche im Winter. Alternativ entfernt man ältere Triebe mit der Ernte.

Die Sträucher sind zwar winterhart, doch Frost während der Blüte kann den Ertrag schmälern. Daher Frostsenken meiden.

Die Büsche werden jährlich gedüngt, vor allem in leichten Böden. Ideal ist ein organischer Phosphor- und Stickstoffdünger.

Während der Fruchtreife die Büsche mit Drahtkäfigen vor Vögeln schützen.

Moltebeere

Rubus chamaemorus

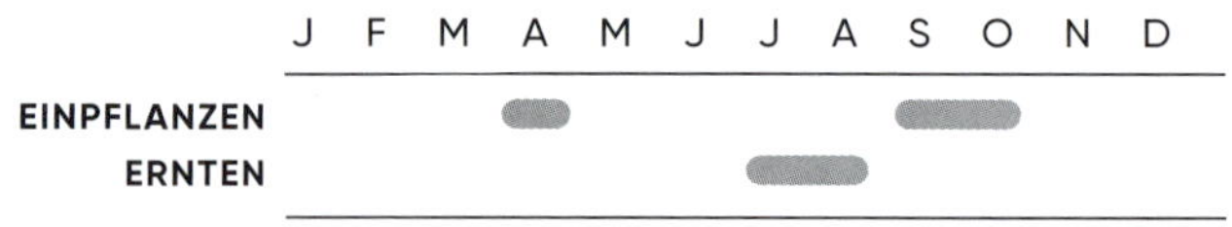

VOM EINPFLANZEN BIS ZUR ERNTE
2–3 Jahre

SORTEN
In der Regel wird nur die Art verkauft.

'Nyby' – selbstfruchtbare Züchtung aus Finnland

HERKUNFT
Skandinavien, Nordengland, in kühlen, lehmigen, aber durchlässigen sauren Böden

WÄCHST AUCH IN
Zonen 4 und 5 – wenn der Boden feucht genug ist

WINTERHÄRTE
Sehr winterhart (bis -40 °C)

LEBENSZYKLUS
Mehrjährig

ERTRAG
★★/☆☆☆☆☆

AUFWAND
8/10

Das Laub der niedrigbleibenden, mit der Zeit teppichbildenden Pflanze zeigt eine hübsche rote Herbstfärbung. Die roten Beeren der Pflanzen hellen sich während der Reife zu einem fast transparenten Orange auf. Moltebeeren werden kaum von Krankheiten oder Schädlingen geplagt. Die Früchte haben ein einzigartiges Aroma: fruchtig, würzig mit einer süßen Honignote.

Basics

Einpflanzen Im Frühjahr oder Herbst in feuchte, lehmige Böden, in die saure organische Substanz eingearbeitet wurde, ähnlich wie bei Heidelbeeren. Gut wässern. Moltebeeren sind getrenntgeschlechtlich (ausgenommen die Sorte 'Nyby'), man muss also genügend weibliche Pflanzen kaufen und mindestens ein paar männliche, um Beeren ernten zu können.

Pflege Die Pflanzen müssen nicht geschnitten werden, sie werden nur bis 30 cm hoch. Sie vertragen keinen Kalk und bevorzugen saure Böden, weshalb man sie einmal jährlich mit Moorbeeterde mulchen sollte.

Ernte Die Beeren kann man auch unreif (rot) ernten, sie reifen nach. Die Beeren reifen im Abstand von einigen Tagen bis wenigen Wochen, sodass man immer mal wieder Beeren naschen kann. Man genießt sie am besten frisch, doch lassen sie sich auch für Gebäck verwenden oder einfrieren.

Die orangefarbenen Beeren sind reich an Vitamin C.

Erfolgsgeheimnisse

In der Regel kauft man Jungpflanzen, doch kann man Moltebeeren auch über Rhizomstücke vermehren. Die Aussaat gelingt nur geübten Gärtnern.

Im Frühsommer öffnen sich die weißen Blüten, die Himbeer- oder Brombeerblüten ähneln und die Bestäuber schätzen. Spätfrost vertragen die Blüten nicht, obwohl die Pflanze aus dem hohen Norden stammt.

In Gruppen gepflanzt sind Moltebeeren hübsche und seltene Bodendecker für alle, die eher feuchte, halbschattige und saure Bedingungen im Garten haben.

Petersilie

Petroselinum crispum

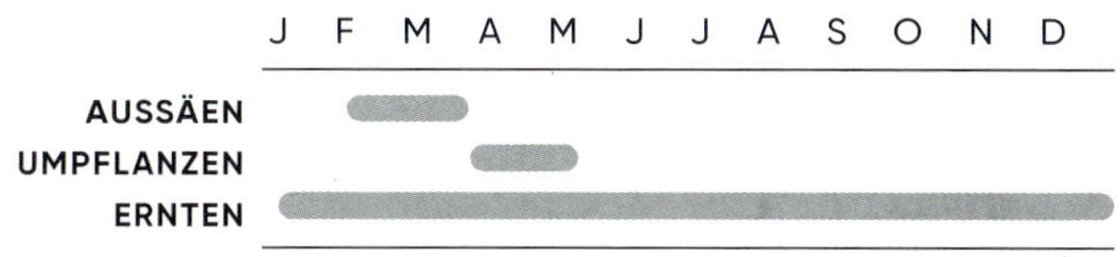

VON DER AUSSAAT BIS ZUR ERNTE
16–24 Wochen

SORTEN

'Mooskrause 2' – schön gekräuselte grüne Blätter, kräftig, gedrungen

'Gigante d'Italia' – glatte Form, wüchsig, sattgrün

'Hamburg' – Wurzelpetersilie, aber auch das Laub ist essbar

'Grüne Perle' – kompakte krause Sorte, ideal für Gefäße

HERKUNFT
Mittelmeerraum, in feuchten, gemäßigten Regionen langlebig

WÄCHST AUCH IN
Zonen 1, 3, 4 und 5

WINTERHÄRTE
Winterhart

LEBENSZYKLUS
Zweijährig, aber oft einjährig gezogen

ERTRAG
★★★★/☆☆☆☆☆

AUFWAND
8/10

Die Petersilie ist ein beliebtes Kraut, da es reichlich Nachschub liefert und in der Küche vielseitig einsetzbar ist. Mit nur zwei oder drei Exemplaren lässt sich ein Haushalt ganzjährig versorgen. Das Laub wertet Aufläufe ebenso auf wie Taboulé, Pesto, Brot und vieles mehr.

Basics

Aussaat Ausgesät wird 1–2 cm tief in Töpfe oder Schalen mit Aussaaterde. Bis zur Keimung können 3–4 Wochen vergehen. Auch Direktaussaat im Frühjahr in gut vorbereitete, warme Böden ist möglich.

Einpflanzen Sämlinge kommen mit 30 cm Abstand ins Freiland oder in große Töpfe. Gut wässern (Petersilie trocknet nicht gern aus) und im Verlauf der Saison immer wieder einen Flüssigdünger geben.

Ernte Sind die Pflanzen gut eingewachsen, erntet man einzelne Triebe. Gelbe und alte Blätter werden herausgeschnitten.

Erfolgsgeheimnisse

Die Erde in den Saatschalen muss feucht bleiben, bis die Sämlinge zu sehen sind.

Petersilie gedeiht in einem kühlen Herbst gut und liefert den Winter über Nachschub.

Bereitet die Wurzelfliege Probleme, kommen Nachfolgeaussaaten oder -pflanzungen an einen anderen Standort.

Überschüsse kann man einfrieren, am besten bereits gehackt.

Krause Petersilie schmeckt mild und delikat, glatte kräftiger.

Petersilie lässt sich auch drinnen in Töpfen oder als Microgreens ziehen.

Krause und glatte Petersilie liefern im feuchten Schatten lange Nachschub.

Funkien

Hosta

J F M A M J J A S O N D

EINPFLANZEN

ERNTEN

VOM EINPFLANZEN BIS ZUR ERNTE
1–3 Jahre

ARTEN

H. longipes – mittelgrüne Blätter, rosaviolette Blüten im Sommer

***H. montana* 'Aureomarginata'** – wüchsig, goldgelb gerandete Blätter

H. fortunei* var. *albopicta – dicke, cremefarbene Blätter mit grünem Rand

H. sieboldiana* var. *elegans – auffallende, große, blaugrüne Blätter, wüchsig

HERKUNFT

Eine vielfältige Gattung, ursprünglich beheimatet auf feuchten, halbschattigen Waldböden in Asien

WÄCHST AUCH IN

Zone 5

WINTERHÄRTE

Winterhart

LEBENSZYKLUS

Mehrjährig

ERTRAG

★★/☆☆☆☆☆

AUFWAND

7/10

Die frischen Triebe älterer Pflanzen kann man ernten und essen, die nachfolgenden Triebe allerdings muss man wieder ungehindert wachsen lassen.

Funkien sind bekannte und beliebte Zierpflanzen, doch kann man alle Teile auch essen. Lässt man die Horste wachsen, stehen im Frühjahr genug eingerollte Blätter zum Ernten zur Verfügung. Die Pflanzen treiben weiter aus, sodass man sich trotzdem noch über die restlichen Blätter und Blüten freuen kann.

Basics

Einpflanzen Kaufen Sie Jungpflanzen und setzen Sie sie in Böden mit viel organischer Substanz. Eingerollte Wurzeln werden gelockert. Gutes Wässern fördert das Einwachsen. Wichtig ist Schutz vor Schnecken.

Pflege Funkien brauchen jährlich im Frühjahr eine Portion Gartenkompost oder reifen Stallmist. Vertrocknete Blätter werden im Herbst abgeschnitten. Funkien legen jedes Jahr ein bisschen zu. Ernten kann man sie, sobald die Horste groß genug sind.

Ernte Sobald die Pflanzen groß genug sind, kann man den frischen Austrieb abschneiden. In noch eingerolltem Zustand sind die Blätter gut essbar, später werden sie faserig.

Erfolgsgeheimnisse

Sind Schnecken ein Problem, geht man sie abends absammeln.

Ernten Sie nur den ersten Austrieb, damit die Pflanzen sich wieder erholen können.

Beliebt ist Topfkultur. Als Substrat ist Pflanzerde empfehlenswert.

Teilen Sie verdichtete Horste im Herbst oder März, damit sie wüchsig bleiben.

Die unteren Blattschuppen an der Basis sind faserig und bitter und sollten abgeschnitten werden.

Auch die Blüten und frischen Blütentriebe können im Hochsommer geerntet werden.

Zahnlilien

Erythronium

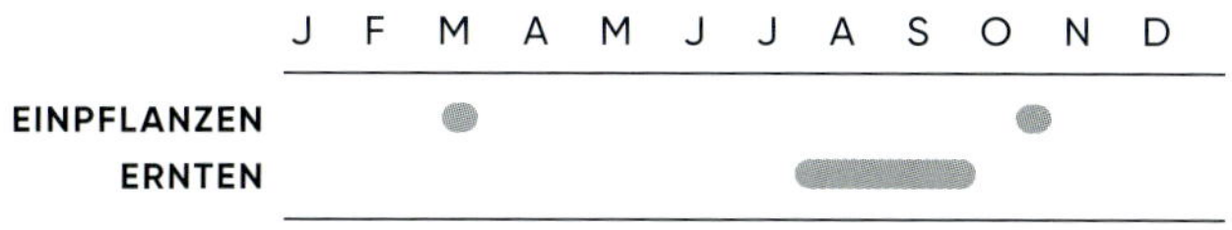

VOM EINPFLANZEN BIS ZUR ERNTE
2–4 Jahre

ARTEN

E. dens-canis – die Hunds-Zahnlilie, feste, robuste, gefleckte Blätter, rosalila Blüten

E. americanum – braucht Zeit, um zu wachsen, geflecktes Laub, cremefarbene Blüten

E. japonicum – Japanischer Hundszahn, leicht gefleckte Blätter, altrosa Blüten

E. grandiflorum – wüchsig, sattgelbe Blüten über grünen Blättern

HERKUNFT

Auf der gesamten nördlichen Hemisphäre

WÄCHST AUCH IN

Zonen 3, 4 und 5

WINTERHÄRTE

Winterhart

LEBENSZYKLUS

Mehrjährige Zwiebel

ERTRAG

★★/☆☆☆☆☆

AUFWAND

8/10

Das Beste an den Zahnlilien sind die zauberhaften Blüten. Aber auch die schmackhaften Zwiebeln sind nicht zu verachten.

Diese ausgesprochen hübschen Pflanzen zieren mit ihrem zweifarbigen Laub und den nickenden Blüten mit zurückgebogenen Blütenblättern so manchen Gehölzrand. Ihre stärkehaltigen Zwiebeln kann man im Sommer und Frühherbst ausgraben. Sie sind wie ein Hundszahn geformt, knackig, süß und schmecken sehr gut.

Basics

Einpflanzen Kaufen Sie Topfpflanzen im Frühjahr oder Zwiebeln im Herbst. Sie kommen in Erde, in die reife organische Substanz eingearbeitet wurde, werden gut gewässert, mit organischer Substanz gemulcht und der Austrieb vor Schnecken geschützt.

Pflege Pflanzen jährlich im März mit Kompost oder reifem Dung mulchen. Welke Blüten nicht abzwicken, damit sie sich aussäen. Welkes Laub im Sommer abschneiden.

Ernte Die Zwiebeln werden im Frühjahr ausgegraben, wenn sie knackig und saftig sind. Wer auf die Blüten nicht verzichten möchte, wartet damit aber, bis die Pflanze im Frühsommer einzieht.

Erfolgsgeheimnisse

Zwiebeln mindestens 15 cm tief pflanzen, damit sie nicht austrocknen.

Die Blätter sind ebenfalls essbar, aber wenn man sie erntet, schwächt man die Pflanze.

Damit sich die Horste vergrößern, nimmt man sie auf und teilt sie nach der Blüte.

Geerntete Zwiebeln werden in feuchtem Sand gelagert, damit sie nicht austrocknen.

Die Zwiebeln schmecken anfangs mild, werden aber gelagert mit der Zeit süßer.

Man kann die stärkehaltigen Zwiebeln trocknen und zu Mehl mahlen, das sich als Verdickungsmittel nutzen lässt.

Mizuna und Mibuna

Brassica rapa

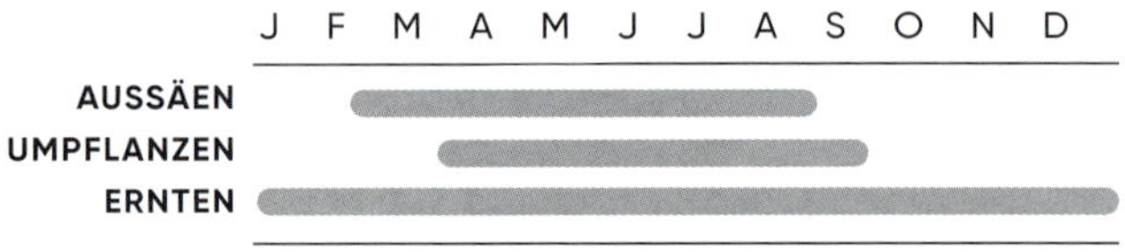

VON DER AUSSAAT BIS ZUR ERNTE
6–10 Wochen

SORTEN

Mibuna – diese Variante ist im Handel am häufigsten zu finden: Rosetten aus spatelförmigen, dunkelgrünen Blättern

Mizuna – Horste aus sattgrünen, fiederspaltigen Blättern

Mizuna 'Red Empire' – dekorative, weich gelappte rote Blätter

Mizuna 'Kyoto' – wüchsig, aufrechte Horste, gesägte Blätter

HERKUNFT

Wird verbreitet angebaut, gedeiht unter kühlen Bedingungen

WÄCHST AUCH IN

Zonen 1, 3, 4 und 5

WINTERHÄRTE

Winterhart

LEBENSZYKLUS

Einjährig

ERTRAG

★★★★★/☆☆☆☆☆

AUFWAND

9/10

Mibuna (oben) und Mizuna (rechts, hier 'Red Empire') gedeihen im Frühjahr und Herbst am besten.

Die beiden wüchsigen, einjährigen Kohlgewächse sind ein ausgezeichnetes Blattgemüse für die magere Zeit im zeitigen Frühjahr und Spätherbst. Sie treiben Unmengen pfeffriger Blätter aus, weshalb ein paar wenige Pflanzen pro Haushalt reichen. Dank ihres kompakten Wuchses und ihrer Produktivität sind sie ein Muss im Gemüsegarten.

Basics

Aussaat Im ausgehenden Winter sät man im Haus 2–3 Samen pro Topfplattenmodul 1 cm tief. Sobald die Sämlinge groß genug sind, ziehen sie mit 20 cm Abstand nach draußen um – mit Abdeckungen beschleunigt man das Wachstum. Bis zum Einwachsen gut wässern.

Wenn es wärmer wird, kann man auch direkt ins Freiland säen, am besten in vorbereitete Erde im Schatten. Die Samen kommen 2 cm tief in Saatrillen, werden mit Erde bedeckt und angedrückt. Später dünnt man auf 20 cm aus.

Ernte Sobald die Pflanzen 12–15 cm hoch sind, kann man bereits Babyblätter ernten. Werden sie gut gewässert und gedüngt, treiben sie wieder aus. Ansonsten erntet man, sobald das Laub die endgültige Größe hat, lässt aber eine Rosette in der Mitte stehen.

Erfolgsgeheimnisse

In der Sommerhitze ist wenig zu erwarten – planen Sie daher für Frühjahr und Herbst.

Schützen Sie die Kohlgewächse mit einem feinmaschigen Netz vor der Kohlfliege.

Unter Abdeckungen oder im Folientunnel kann man sogar im Winter ernten.

Hitze lässt die Blätter extrem pfeffrig werden. Daher ist Schatten vorzuziehen.

Man kann sie als Microgreens oder Pflücksalat im Winter auf der Fensterbank ziehen.

Da sie kompakt bleiben, eignen sie sich hervorragend für die Topfkultur.

Krähenfuß-Wegerich

Plantago coronopus

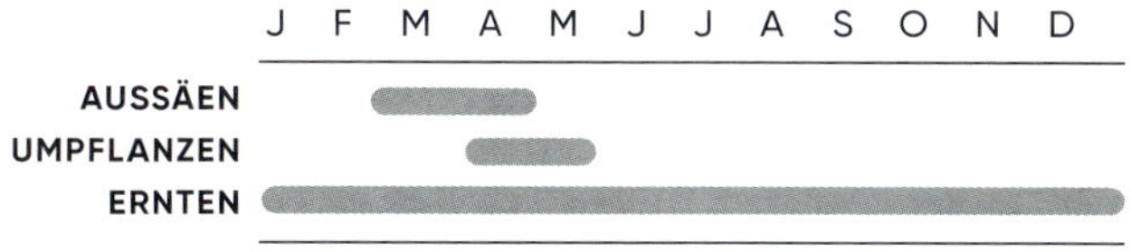

VON DER AUSSAAT BIS ZUR ERNTE
12–16 Wochen

SORTEN
Nur die Art ist erhältlich

HERKUNFT
Weit verbreitet, eine anpassungsfähige Art

WÄCHST AUCH IN
Zonen 1, 2, 3, 4 und 5

WINTERHÄRTE
Winterhart

LEBENSZYKLUS
Einjährige oder kurzlebige Mehrjährige

ERTRAG
★★★★/☆☆☆☆☆

AUFWAND
9/10

Der Krähenfuß-Wegerich wird auch Hirschhornwegerich oder Minutina genannt. Besonders beliebt ist er in Italien, wo er *Erba stella* heißt. Er ist ein ertragreiches, winterhartes Blattgemüse für Salate, wird aber auch gedünstet genossen. Sein angestammter Lebensraum sind die Küstenregionen, wo er im Halb- oder Vollschatten gedeiht.

Basics

Aussaat Wer früh ernten will, sät 2–3 Samen pro Modul in Topfplatten im Haus und pflanzt die Sämlinge im März oder April mit 30 cm Abstand unter Abdeckungen ins Freie.

Hat sich der Boden im Frühjahr ausreichend erwärmt, kann man auch direkt ins Freiland säen. Dazu eine 5 cm tiefe Rille ziehen und die Samen 1–2 cm tief hineinsäen. Später auf 30 cm ausdünnen (die Sämlinge können bereits in der Küche verwertet werden).

Ernte Ernten Sie das Laub, sobald es groß genug ist. Lässt man genug Blätter an der Pflanze, wächst sie weiter, sodass man später noch einmal ernten kann. Irgendwann wird die Pflanze Blüten ansetzen, die Nützlinge anlocken.

Erfolgsgeheimnisse

An älteren Pflanzen öffnen sich Blütenähren, die jung und noch ungeöffnet ebenfalls essbar sind.

Die Pflanzen säen sich selbst aus. Ist das gewünscht, muss man sie blühen lassen.

Essbar sind nicht nur die Blätter, sondern auch die frischen Blütenähren.

In einem Folientunnel gezogen liefern die Pflanzen das ganze Jahr Nachschub.

Der Krähenfuß-Wegerich ist mehrjährig, doch lässt seine Wuchskraft rasch nach, weshalb man regelmäßig nachsäen muss.

Wer junge, zarte Blätter bevorzugt, muss sie häufig ernten, da dies die Pflanze zum Neuaustrieb von frischem Laub anregt.

In praller Sonne werden die Blätter zäh und bitter. Sie brauchen deshalb Schatten.

Zehn weitere Gartenstars

Kaukasischer Rankspinat

Die wüchsige Kletterstaude (*Hablitzia tamnoides*) ist in den bewaldeten Schluchten Asiens beheimatet, gedeiht in Zone 6 und ist winterhart. Sie kann in einer Saison 3 m hoch werden und treibt bereitwillig aus Samen aus. Ältere Exemplare liefern viele Jahre lang Laub.

Schwarze Apfelbeere

Die Bewohnerin feuchter amerikanischer Wälder, *Aronia melanocarpa,* setzt große Bündel glänzender schwarzer Beeren an. Sie schmecken roh säuerlich, aber gekocht und mit Zucker hervorragend. Marmeladenfans, aufgepasst: Sie enthalten viel Pektin. Man zieht sie am besten in sauren Böden.

Straußenfarn

Solange sich die frisch ausgetriebenen Wedel des Straußenfarns (*Matteuccia struthiopteris*) ausrollen, sind sie essbar. Man erntet sie klein und zart und kocht sie, denn roh sind sie ungenießbar. Ernten Sie höchstens ein Drittel der Triebe, um dem Farn nicht zu schaden.

Wildes Stiefmütterchen

Das kurzlebige Ackerveilchen (*Viola tricolor*) bringt Farbe in schattige Winkel und auf den Teller. Zwar sind auch Blätter und Knospen essbar, doch wenn man sich an den Pflänzchen vergreift, dann vor allem wegen der Blüten, mit denen Salate und Aufläufe garniert werden.

Links: Die essbaren Blüten des Wilden Stiefmü terchens bringen Farbe in schattige Ecken.

Unten, rechts: Kerbel mit seinem filigranen La breitet sich in schattigen, feuchten Ecken aus.

Unten: Blutampfer (*Rumex sanguineus*) ist ei nützliche Schattenstaude und liefert Laub, we der Garten sonst wenig Essbares bereithält.

Straußenfarne haben einen hohen Zierwert, aber auch essbare frische Triebe zu bieten.

Laportea bulbifera begnügt sich mit kühlen, schattigen Standorten und ist ein nahrhaftes Blattgemüse.

Echter Kerbel

Anthriscus cerefolium ist ein einjähriges Kraut mit gefiedertem Laub. Es bereichert pikante Speisen um eine unvergleichlich warme Note. Man kann Kerbel durch Direktaussaat rasch heranziehen. Er stammt zwar aus Südosteuropa, verträgt aber bis etwa –15 °C. Im Sommer bilden sich zarte Dolden. Die Pflanzen säen sich mit Eifer selbst aus.

Blasen-Nessel

Die mehrjährige Staude *Laportea bulbifera* stammt aus bewaldeten Tälern in Japan und gedeiht im feuchten Schatten. Wie bei ihrer Verwandten, der Großen Brennnessel (*Urtica dioica*), werden die Brennhaare durch Kochen neutralisiert. Die Pflanze, die auch Blasen-Brennnessel oder Brennnesselblatt genannt wird, ist winterhart, ausbreitungsfreudig und wird über Bulbillben oder durch Teilung vermehrt.

Mitsuba

Mitsuba (*Cryptotaenia japonica*), auch Japanische Petersilie genannt, ist eine nicht winterharte Staude, die sich gut aussäen lässt und rasch einen großen Busch bildet. Im Geschmack erinnert sie an Kerbel und Sellerie. Die Sämlinge lassen sich als Microgreens nutzen.

Sauerklee und Ampfer

Die Gattungen *Oxalis* und *Rumex* liefern säuerliche Blätter mit Zitrusaroma. In der Küche finden der Wald-Sauerklee (*O. acetosella*) und *O. oregana* (beide winterhart) sowie *O. articulata* (nicht winterhart) Verwendung, ferner *R. acetosa, R. acetosella, R. sanguineus* und *R. scutatus*. Die *Oxalis*-Vertreter punkten mit hübschen Blüten.

Wasabi

Wasabi (*Eutrema japonicum*) liefert fleischige, scharfe Rhizome. Er kommt an Wasserläufen im Wald vor und wächst langsam. Bis man ernten kann, vergehen ein paar Jahre. Das Rhizom schmeckt frisch gerieben am besten.

Knollenziest

Der durstige Knollenziest (*Stachys affinis*) öffnet in der Sonne lila Blüten. Im Schatten gedeiht er, blüht aber schlechter. Die essbaren Knollen werden im Spätherbst ausgegraben und in feuchten Sand eingeschlagen.

Für die Pilzzucht braucht es Feuchtigkeit und Schatten – genau das, was Zone 6 bietet! Wenn Sie Stammholz mit Pilzdübeln beimpfen, ist Ihnen Bewunderung gewiss, denn wer wäre nicht beeindruckt von selbst gezüchteten Austern- oder Shiitake-Pilzen. Das Anlegen der Kulturen ist einfach, danach ist nur noch Geduld gefragt.

Projekt:

Eine eigene Pilzzuchtstation anlegen

Dass sich Champignons züchten lassen, wissen die meisten Leute, doch auch Gourmetpilze wie Austernpilze, Shiitake, Igel-Stachelbart und Nameko kann man auf Stammholz kultivieren. Feuchter Schatten bietet ideale Bedingungen für Pilze und in verrottetem Zustand ist das Holz ein hervorragender Lebensraum für seltene Tierarten oder räuberische Nützlinge wie Schröter, Schwarze Moderkäfer und Kröten.

Holz und Pilzbrut

Wer einen älteren Garten hat, findet dort vielleicht Holz für seine Pilzzucht. Regionale Baumpfleger haben gewiss auch etwas Holz übrig. Ideal ist frisches Laubholz wie Eiche, Buche und Esche. Es sollte nicht verrottet sein und keine Wunden in der Borke haben, da sich sonst bereits unerwünschte Pilze festgesetzt haben könnten. Besorgen Sie sich Pilzbrut von Spezialanbietern – sie werden meist in Form von Dübeln bzw. Impfstäbchen geliefert und sollten gleich nach der Ankunft verarbeitet werden; legen Sie das Holz also schon bereit. Andernfalls lagern Sie die Brut einige Wochen im Kühlschrank. Das Beimpfen des Holzes ist einfach und liefert mehrere Ernten.

Sie brauchen

Bohrmaschine
Bohrer, 8 mm
Holzstämme
Pilzbrut (meist Dübel oder Stäbchen)
Hammer
Feuerzeug
Wachs

Schritt für Schritt

1 Mit jeweils 10 cm Abstand 5 cm tiefe Löcher in das Holz bohren. Vor dem Bohren ggf. Haare zurückbinden, lockere Kleidung fixieren und Schutzbrille aufsetzen.

2 Die Impfstäbchen bzw. Dübel einzeln in die Bohrlöcher stecken und mit dem Hammer einschlagen. Pro Stamm nur eine Pilzart verwenden, nicht mischen, da wüchsigere Pilze sonst andere verdrängen können.

3 Jedes Loch mit geschmolzenem Wachs versiegeln (Bienenwachs ist ideal), damit keine Schimmel- oder Fäulnispilze eindringen können. Das Holz ist jetzt geimpft.

4 Holzstämme an einen schattigen, feuchten Platz bringen. Aufrecht stellen und 10 cm tief in der Erde versenken, damit sie stabil stehen. Nach 9–12 Monaten sollten die ersten Fruchtkörper der Pilze wachsen.

Es gibt interessante Nutzpflanzen, die sich für diese auf den ersten Blick unwirtliche Zone eignen, doch ein robustes Wurzelsystem und unbändige Wuchskraft sollten sie schon mitbringen. Außerdem hilft es, wenn man ihnen den Aufenthalt mit Mulch angenehmer gestaltet! Im trockenen Schatten kommen etwa Stachelbeeren, Johannisbeeren, Brombeeren und ihre vielen lieben Verwandten zurecht. Ergänzen kann man sie durch Berberitzen, Blaue Heckenkirschen und Gewöhnliche Mahonien. Auch Haselnüsse, deren angestammter Lebensraum das Unterholz ist, gedeihen hier. Robuste Laubpflanzen wie Bärlauch, Knoblauchsrauke und Brennnesseln bescheren uns Körbe voll Blätter für den Einsatz in der Küche, während tief wurzelnder Gartenampfer, Herzförmige Aralie und Meerrettich sich selbst aus dem nährstoffarmen Boden alles holen, was sie brauchen.

Zone 7

Schattig und trocken

Stachelbeeren

Ribes uva-crispa

	J	F	M	A	M	J	J	A	S	O	N	D
EINPFLANZEN	▬	▬	▬								▬	▬
ERNTEN						▬	▬	▬				

VOM EINPFLANZEN BIS ZUR ERNTE
1–3 Jahre

SORTEN

'Invicta' – wüchsig, mehltau-resistent, sehr ertragreich, grüne Kochbeeren

'Hinnonmäki rot' – wohlschmeckend, glattschalige rote Tafelbeeren, gesunde Pflanzen

'Crispa Goldling' – ausgezeichneter Geschmack, gelbfrüchtige Tafelsorte, bedornt

'Tatjana' – schmackhaft, grüne Tafelsorte, auch für Kübelbepflanzung

HERKUNFT
Felsige, gebirgige Waldregionen in Europa

WÄCHST AUCH IN
Zonen 1, 3, 4, 5 und 6

WINTERHÄRTE
Winterhart

LEBENSZYKLUS
Mehrjährig

ERTRAG
★★★★/☆☆☆☆☆

AUFWAND
8/10

Stachelbeeren gedeihen in unterschiedlichsten Zonen, tragen aber auch im trockeneren Schatten. Viele kennen die sauren grünen Kochsorten, doch gibt es auch Tafelsorten, die süßer sind und frisch genascht gut schmecken.

Basics

Einpflanzen Die Büsche werden während ihrer Winterruhe an einen unkrautfreien Platz gepflanzt. Verbessern Sie den Boden mit reifer organischer Substanz und mulchen Sie ihn, damit kräftige Wurzeln wachsen.

Schnitt Geschnitten wird im Winter. Bei Jungpflanzen geht es darum, ein ausgewogenes Gerüst aus Hauptästen zu schaffen, bei älteren Exemplaren lichtet man verdichteten Wuchs aus und holt altes Holz heraus.

Ernte Ernten Sie die Beeren vollreif ab dem Hochsommer, am besten in 3–4 Durchgängen. Überschüsse lassen sich einfrieren.

Erfolgsgeheimnisse

In kleinen Gärten bietet sich eine Erziehung als Fächerspalier oder Kordon an. Auch diese Sträucher werden im Sommer geschnitten.

Die Knospen bilden sich an reifem Holz – bauen Sie daher ein Gerüst älterer Äste auf.

Vermehrung ist möglich mit Steckhölzern von gesunden Trieben, die beim Winterschnitt anfallen.

Obstkäfige verhindern, dass Vögel die Sträucher plündern. Netze sind nicht ratsam, da sich die Tiere darin verfangen können.

Kochsorten sind ideal für Vollschatten. Tafelsorten brauchen etwas Sonne.

Wer besonders große Beeren bekommen möchte, sollte den Behang Ende April/Anfang Mai ausdünnen.

Die rote Sorte 'Hinnonmäki rot' kommt mit kühlem Schatten gut zurecht.

Rote, Rosa & Weiße Johannisbeeren

Ribes rubrum

	J	F	M	A	M	J	J	A	S	O	N	D
EINPFLANZEN	■	■	■								■	■
ERNTEN						■	■					

VOM EINPFLANZEN BIS ZUR ERNTE
1–3 Jahre

Ganz oben: Die Weiße Johannisbeere 'Weiße Versailler' wirkt filigran, ist aber überraschend robust. Oben: Die Rote Johannisbeere 'Rovada' geizt selbst vor einer schattigen Nordwand nicht mit Beeren.

SORTEN

Rote Johannisbeere 'Stanza' – mittelfrühe Sorte, hoher Ertrag, große Beeren

Rote Johannisbeere 'Rovada' – wüchsige Büsche mit hohem Ertrag zum Saisonende

Rosa Johannisbeere 'Gloire de Sablons' – schöne rosa Beeren im Hochsommer

Weiße Johannisbeere 'Weiße Versailler' – fast durchscheinende weiße Beeren

HERKUNFT

Waldränder in Westeuropa mit Streuschatten und kühlem Wurzelraum

WÄCHST AUCH IN

Zonen 1, 3, 4, 5 und 6

WINTERHÄRTE

Winterhart

LEBENSZYKLUS

Mehrjährig

ERTRAG

★★★★/☆☆☆☆☆

AUFWAND

8/10

Diese Johannisbeeren sind nicht nur optisch eine Bereicherung, sie überleben auch dort, wo andere Nutzpflanzen eingehen. Ältere Sträucher tragen reichlich. Die Beeren sind sowieso säuerlich, auch mit mehr Sonne.

Basics

Einpflanzen Die Büsche werden am besten in der Winterruhe gepflanzt. Arbeiten Sie vor dem Einpflanzen viel reife, klumpige organische Substanz ins Erdreich ein, jäten Sie gründlich und mulchen Sie.

Erziehung Die Beeren bilden sich vor allem an älterem Holz, formen Sie daher ein dauerhaftes Gerüst vor einer schattigen vertikalen Fläche. Man kann die Sträucher aber auch als offene Buschform wachsen lassen.

Ernte Lassen Sie die Beerenrispen voll ausreifen. Das dauert etwas, doch dafür wird man mit optimalem Geschmack belohnt.

Erfolgsgeheimnisse

Verdichtetes Astwerk im Winter auslichten, überlange Triebe im Sommer kürzen.

In kleinen Gärten kann man die Sträucher als Kordons erziehen. Mit einem Zapfenschnitt hält man sie kompakt.

Steckhölzer gewinnt man im Winter, wenn gesunde Sträucher geschnitten werden.

Schützen Sie die Büsche mit einem Drahtgitter vor Vögeln, sobald die Beeren sich zu färben beginnen.

Nehmen Sie regelmäßig alte Triebe aus älteren Pflanzen heraus, um sie zu verjüngen.

Überschüsse können eingefroren oder zu Marmelade und Gelee verarbeitet werden.

Wald-erdbeeren

Fragaria vesca

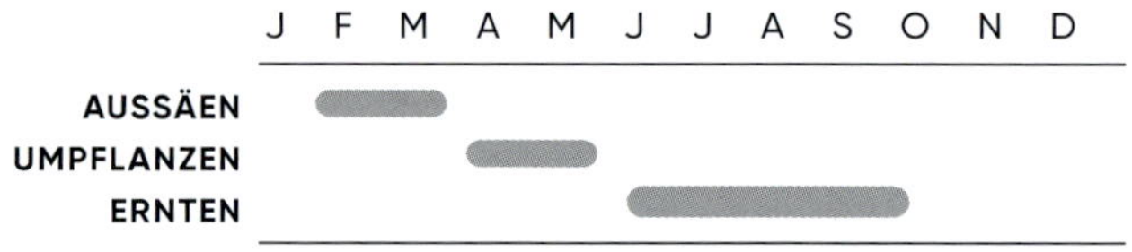

VON DER AUSSAAT BIS ZUR ERNTE
6–20 Monate

SORTEN

'Golden Alexandra' – auffallend gelbgrüne Blätter, rote Beeren

'Mara des Bois' – alte Sorte, sehr wohlschmeckend, große rote Beeren

'Reine de Vallées' – gesund, buschig, wenig Ausläufer, rote Beeren

'Weiße Baron Solemacher' – ungewöhnliche Sorte, grünes Laub, cremeweiße Beeren, Monatserdbeere

HERKUNFT
Kühl-gemäßigte Regionen

WÄCHST AUCH IN
Zonen 1, 3, 4, 5 und 6

WINTERHÄRTE
Winterhart

LEBENSZYKLUS
Mehrjährig

ERTRAG
★★/☆☆☆☆☆

AUFWAND
8/10

Walderdbeeren und ihre Kulturformen, die Monatserdbeeren, tragen zwar keine sonderlich großen Beeren, werden aber wegen ihres intensiven Geschmacks geschätzt, der besonders bei Gourmets gut ankommt. Außerdem überleben sie selbst unter widrigsten Bedingungen.

Basics

Aussaat Säen Sie im Frühjahr im Haus in feuchte Erde aus. Sobald die Sämlinge groß genug sind, kommen sie in Einzeltöpfe, wo sie bleiben, bis sie gut entwickelt sind.

Umpflanzen Im Frühjahr oder Herbst die Setzlinge abhärten und mit 20 cm Abstand ins Freiland umsiedeln. Vorher organische Substanz in den Boden einarbeiten.

Ernte Im Mai und Juni öffnen sich die hübschen weißen Blüten. Kurz darauf reifen die winzigen Beeren. Sie werden einzeln geerntet, sobald sie sich leicht abzupfen lassen.

Erfolgsgeheimnisse

Bis Saatgut keimt, können ein paar Wochen vergehen. Haben Sie Geduld.

Erdbeeren sind ein ausgezeichneter Bodendecker und stellen ihren Wert auf Unkrautflächen gern unter Beweis.

Auch andere Arten wie *F. moschata*, *F. viridis* und *F. chiloensis* lohnen den Anbau.

Ernten Sie den ganzen Sommer regelmäßig, denn es reifen über viele Wochen ohne Unterbrechung Früchte.

Viele Formen bilden Ausläufer – den Rest teilt man am besten.

Oft verstecken sich die Beeren zwischen den Blättern, suchen Sie also danach. Das ist leichter, wenn man sie in Töpfen zieht.

Walderdbeeren sind ein ausgezeichneter Bodendecker und gedeihen auch dort, wo Gartenerdbeeren Mühe haben zu bestehen.

Meerrettich

Armoracia rusticana

	J	F	M	A	M	J	J	A	S	O	N	D
AUSSÄEN			■	■								
UMPFLANZEN						■						
ERNTEN	■	■								■	■	■

VON DER AUSSAAT BIS ZUR ERNTE
32–40 Wochen

SORTEN
Keine Sorten verfügbar – angebaut wird nur die Art

HERKUNFT
In ganz Europa verwildert

WÄCHST AUCH IN
Zonen 1, 2, 3, 4, 5 und 6

WINTERHÄRTE
Winterhart

LEBENSZYKLUS
Mehrjährig

ERTRAG
★★/☆☆☆☆☆

AUFWAND
9/10

Freunde des Meerrettichs haben wahrscheinlich schon längst einen Horst im Garten. Wer es ihnen nachtun möchte, bekommt ein robustes Gemüse, das sehr wenig Pflege benötigt. Die Wurzeln sind für ihre Schärfe bekannt und die Pflanzen können dank ihrer wüchsigen Natur sich selbst überlassen bleiben.

Basics

Vermehrung Erfolgt meist durch größere Seitenwurzeln der Hauptwurzel statt durch Samen – das geht schneller. Nehmen Sie diese »Fechser« von einer gesunden Pflanze oder kaufen Sie sie von Spezialanbietern.

Einpflanzen Im Winter mit 30 cm Abstand nach allen Seiten in gut vorbereitete Erde pflanzen. Eine Weile wässert man gut, ältere Horste brauchen dann kaum noch Pflege. Im Handel gibt es auch Setzlinge zu kaufen. Sie werden im Frühjahr oder Herbst gepflanzt.

Ernte Ernten Sie die Wurzeln in der Vegetationsruhe vom Spätherbst bis zum zeitigen Frühjahr, indem Sie sie aus der Erde hebeln. Die Hauptwurzel wird geerntet, Seitenwurzeln lässt man intakt, damit man sie wieder einpflanzen kann. Ältere Pflanzen bilden 2–4 cm dicke Wurzeln.

Erfolgsgeheimnisse

Die Blätter sind derb und fest, aber zu scharf für den Verzehr.

Im Sommer öffnen sich weiße Blüten. Sie duften angenehm und locken Bestäuber an.

Meerrettich ist eine unglaublich vielseitige Pflanze. Mit seinen kräftigen Pfahlwurzeln holt er sich die Feuchtigkeit tief unten aus der Erde.

Aussaat ist möglich, doch keimen die Samen unzuverlässig und langsam.

Begrenzen Sie die Ausbreitung dadurch, dass Sie Meerrettich in Töpfe pflanzen, die im Boden versenkt werden.

Frischer Wuchs ist anfällig für Schneckenfraß. Schützen Sie Jungpflanzen.

Für Meerrettichsoße werden frische Wurzeln gerieben und möglichst bald verwertet. Beim Kochen verlieren sie die Schärfe.

Haselnüsse

Corylus

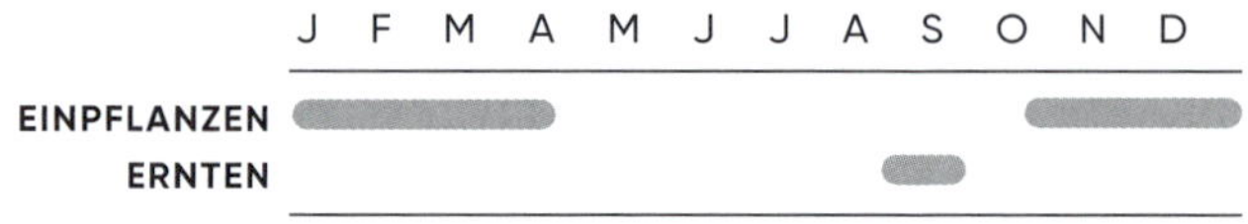

VOM EINPFLANZEN BIS ZUR ERNTE
1–4 Jahre

SORTEN

***C. maxima* 'Ennis'** – Lambertshasel, ertragreich, große Nüsse, guter Bestäuber

***C. m.* 'Hallesche Riesen'** – winterhart, guter Bestäuber, große Nüsse

***C. avellana* 'Butler'** – Gewöhnliche Hasel, wüchsig, ertragreich, wohlschmeckende Nüsse

***C. a.* 'Red Majestic'** – auffallend sattviolettes Laub, kompakt

HERKUNFT

Kühlere Regionen Europas, verträgt unterschiedlichste Bedingungen

WÄCHST AUCH IN

Zonen 1, 3, 4, 5 und 6

WINTERHÄRTE

Winterhart

LEBENSZYKLUS

Mehrjährig

ERTRAG

★★/☆☆☆☆☆

AUFWAND

8/10

Wer Haselnüsse mag, ist mit der Gewöhnlichen Hasel (*C. avellana*) ebenso gut bedient wie mit der Lambertshasel (*C. maxima*). Beide liefern jede Menge Nüsse und sind auch noch sehr dekorativ. Sie lassen sich gut schneiden und versorgen Sie mit gutem Fett, Protein und Vitaminen.

Basics

Einpflanzen Die Gehölze pflanzt man während der Winterruhe in unkrautfreie, mit Gartenkompost oder reifem Stallmist verbesserte Böden. Ein organischer Mulch auf dem Wurzelraum fördert das Einwachsen.

Pflege Jungbäume brauchen wenig Pflege – es reicht, sie bei längerer Trockenheit zu wässern, damit sich ein gutes Wurzelsystem bildet. Ältere Pflanzen überlässt man sich selbst; schneiden muss man nur sehr alte Pflanzen oder wenn sie zu groß werden.

Ernte Man kann die Nüsse »grün« ernten, sobald sie eine gute Größe haben. Besser lässt man sie aber am Baum braun werden, dann halten sie länger.

Die Lambertshasel kommt nach dem Einwachsen gänzlich ohne Zuwendung aus.

Erfolgsgeheimnisse

C. maxima verträgt noch strengere Fröste als die Gewöhnliche Hasel und ist daher an exponierten Standorten vorzuziehen.

Der Rückschnitt erfolgt im Winter. Dabei werden ältere Äste bis zum Ansatz entfernt.

Bessere Bestäubung wird erreicht, wenn man mehrere Sorten oder die Art pflanzt.

Grüne Nüsse schmecken saftig, süß und mild, reife nussiger.

Wer die Nüsse erntet, sobald sie bräunen, kommt Eichhörnchen zuvor. Sie können sie während der Lagerung trocknen, falls nötig.

Der Schnittabfall lässt sich gut verwerten: Längere Ruten taugen als Bohnenstangen, kürzere Zweige für Flechtzäune.

Japanische Weinbeeren

Rubus phoenicolasius

J F M A M J J A S O N D

EINPFLANZEN

ERNTEN

VOM EINPFLANZEN BIS ZUR ERNTE
2–3 Jahre

SORTEN
Keine Sorten verfügbar, lediglich die Art wird verwendet

HERKUNFT
Bergregionen in Asien; bildet Ruten, kann aber auch kletternd gezogen werden und trägt selbst unter widrigen Bedingungen noch gut

WÄCHST AUCH IN
Zonen 1, 3, 4, 5 und 6

WINTERHÄRTE
Winterhart

LEBENSZYKLUS
Mehrjährig

ERTRAG
★★★/☆☆☆☆☆

AUFWAND
8/10

Die mit den Himbeeren verwandte Pflanze wird nicht nur für ihre Beeren, sondern auch für ihren Zierwert geschätzt. Die Triebe und ungeöffneten Knospen sind mit buschigen roten Borsten besetzt, die bei Vollreife hellroten Beeren glänzen einnehmend. Hinzu kommt ihr erfrischender Geschmack.

Basics

Einpflanzen Pflanzen Sie die Ruten während der Winterruhe in unkrautfreie, mit reifer organischer Substanz verbesserte Böden. Anschließend mulchen und wässern, damit sich ein gutes Wurzelsystem bildet.

Erziehung Ziehen Sie die Ruten an einem System aus gespannten Drähten (siehe S. 74–75) vor Gartengebäuden, Zäunen oder Wänden hoch. Sie werden angebunden, solange sie noch jung und biegsam sind.

Ernte Sie können die Früchte ernten, sobald sie tiefrot sind. Dazu dreht man sie einfach mit den Fingern vom Trieb. Da die Früchte nicht alle zur gleichen Zeit reifen, erntet man sie über 2–3 Wochen hinweg.

Erfolgsgeheimnisse

Die Ruten lassen sich zu besonderen Formen erziehen, z. B. Spiralen, Herzen und Wellen.

Die Beeren schmecken am besten, wenn man sie an der Pflanze voll ausreifen lässt.

Vermehren kann man die Pflanze durch Absenken der Triebspitzen. Sobald sie wurzeln, trennt man sie von der Mutterpflanze und versetzt sie.

Geschnitten wird im Herbst. Ruten, die gefruchtet haben, werden komplett entfernt, neue angebunden.

Weinbeeren können 6 m hoch und 3 m breit werden. Gestehen Sie ihnen viel Platz zu.

Bei Aussaat wird die besäte Saatschale in einem Beutel zwei Monate eingefroren und dann zum Keimen in ein Frühbeet gestellt.

Japanische Weinbeeren sind ausgesprochen dekorativ und tragen zuverlässig.

Knoblauchsrauke

Alliaria petiolata

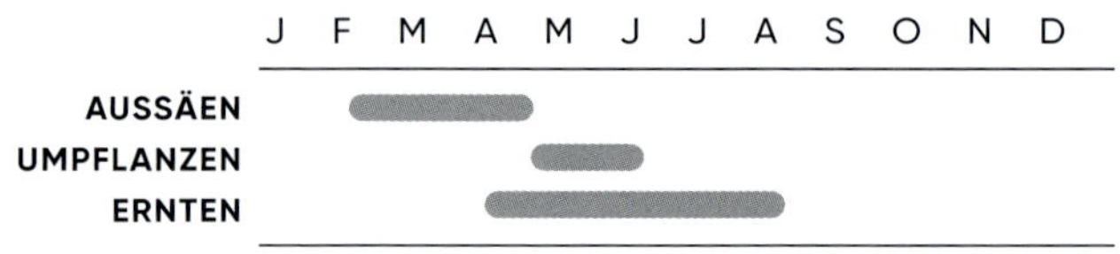

VON DER AUSSAAT BIS ZUR ERNTE
12–16 Wochen

SORTEN
Verkauft wird nur die Art, Sorten sind nicht verfügbar

HERKUNFT
Schattige Waldränder in Europa und Asien

WÄCHST AUCH IN
Zonen 1, 2, 5 und 6

WINTERHÄRTE
Winterhart

LEBENSZYKLUS
Zweijährig

ERTRAG
★★★★★/☆☆☆☆☆

AUFWAND
9/10

Fährt man im April auf heckengesäumten Dorfstraßen, erspäht man immer wieder diese Pflanze blühend in ihrer natürlichen Umgebung. Die Knoblauchsrauke, Traum aller Wildgemüseliebhaber, lässt sich aber auch in Gärten kultivieren.

Basics

Aussaat Wollen Sie die Samen drinnen erwecken, müssen Sie sie aussäen, anschließend zwei Wochen bei 20 °C stehen lassen, dann in einen Beutel stecken, einen Monat lang in den Kühlschrank und schließlich wieder an einen Platz mit 20 °C stellen. Sobald die Setzlinge 15 cm hoch sind, können sie nach draußen.

Möglich ist auch die Direktsaat im Frühjahr oder Herbst. Legen Sie dazu ein Saatbett an, in das reife organische Substanz eingearbeitet wurde. Ausdünnen müssen Sie nicht, aber ordentlich wässern, bis die Pflanzen eingewachsen sind.

Ernte Ernten Sie nach Bedarf, indem Sie die ganze Pflanze abschneiden und entlauben oder nur einzelne Blätter abzupfen.

Erfolgsgeheimnisse

Frühjahrsaussaaten werden im Sommer, Herbstaussaaten im Frühjahr geerntet.

Knoblauchsrauke schmeckt nach einer Mischung aus Senf und Knoblauch – jung mild, später etwas schärfer.

Ältere Pflanzen setzen weiße Blüten an, die Nützlinge anlocken.

Das Laub ist eine wichtige Nahrungsquelle für Raupen des Grünader-Weißlings und des Aurorafalters.

Die Blätter können roh oder gekocht, also als Salat oder Blattgemüse, verwendet werden. Auch die Blüten sind essbar.

Direkt ausgesäte Pflanzen sind trockenheitsverträglich, da sie Pfahlwurzeln bilden.

Die zweijährigen Pflanzen sterben nach der Blüte ab, haben sich bis dahin aber ausgesät.

Selbst ausgesäte Exemplare bilden ein Wurzelsystem, das Trockenheit locker wegsteckt.

Gartenampfer

Rumex patientia

J F M A M J J A S O N D

AUSSÄEN

UMPFLANZEN

ERNTEN

VON DER AUSSAAT BIS ZUR ERNTE
20–22 Wochen

SORTEN
Erhältlich ist nur die Art

HERKUNFT
Europa, besiedelt Brachland und Ackerränder

WÄCHST AUCH IN
Zonen 1, 3, 4, 5 und 6

WINTERHÄRTE
Winterhart

LEBENSZYKLUS
Mehrjährig

ERTRAG
★★★★/☆☆☆☆☆

AUFWAND
9/10

Dank seiner robusten Pfahlwurzeln ist der Gartenampfer bestens gerüstet für karge Lagen.

Der Gartenampfer, auch Englischer Spinat genannt, ist ein unglaublich robustes Gemüse, auf das die Menschen jahrhundertelang in mageren Zeiten zurückgriffen. Im Zug des modernen Carbon Farming erlebt es nun eine Renaissance. Dank seiner wüchsigen, verlässlichen Art liefert Ampfer schon ab Februar Laub für die Küche.

Basics

Aussaat Bei Aussaat im Haus werden die Samen gleichmäßig auf Saaterde verteilt und bei 15–18 °C zum Keimen gebracht. Die Erde sollte feucht, aber nicht nass sein. Sobald die Sämlinge groß genug sind, kommen sie einzeln in 9-cm-Töpfe und schließlich mit 30 cm Abstand ins Freiland.

Vermehrung Gartenampfer kann auch durch Teilung vermehrt werden. Nehmen Sie zwischen Oktober und März Teilstücke von älteren Pflanzen und pflanzen Sie sie mit 30 cm Abstand nach allen Seiten hin in gut vorbereitete Erde. Jungpflanzen müssen gewässert werden, ältere nicht.

Ernte Nach Bedarf. Man kann ganze Triebe herausziehen und entlauben oder einzelne Blätter ernten. Geschmack und Textur werden im Lauf der Saison intensiver.

Erfolgsgeheimnisse

Die Blätter enthalten Oxalsäure – roh sollten sie daher nicht in großer Menge verzehrt werden. Durch Kochen neutralisiert man die Säure beträchtlich.

Ältere Pflanzen liefern reichlich Laub zur Überbrückung für die ertragsarme Zeit im Frühjahr.

Das Laub wird weicher und schmackhafter, wenn man die Pflanzen im Sommer mehrmals bis zum Boden zurückschneidet.

Die Pflanzen säen sich selbst aus. Wer das nicht will, muss die Blütenstände abschneiden, bevor sich die Blüten öffnen.

Frisches Laub schmeckt auch Schnecken. Bei feuchter Witterung sollten Sie Vorkehrungen treffen, um es zu schützen.

Damit die Pflanzen verlässlich Laub liefern, sollten sie alle 4–5 Jahre im Winter aufgenommen und geteilt werden.

Große Brennnessel

Urtica dioica

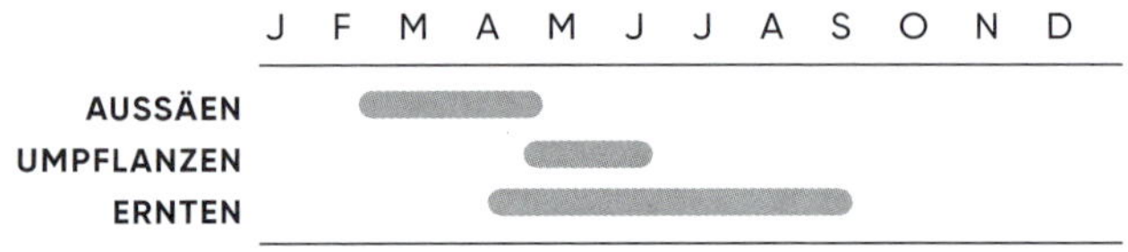

VON DER AUSSAAT BIS ZUR ERNTE
16–20 Wochen

SORTEN
Zur Verfügung steht nur die Wildart

HERKUNFT
Gemäßigtes Europa und Asien, inzwischen weltweit verbreitet

WÄCHST AUCH IN
Zonen 1, 3, 4, 5 und 6

WINTERHÄRTE
Winterhart

LEBENSZYKLUS
Mehrjährig

ERTRAG
★★★★★/☆☆☆☆☆

AUFWAND
10/10

Ignorieren Sie den schlechten Ruf der Brennnessel und lassen Sie sich ein auf eine robuste, wüchsige, pflegeleichte und problemfreie Nutzpflanze, die im Garten jahrelang frohgemut gedeiht. Die Blätter enthalten viele gesunde Inhaltsstoffe und können so zubereitet werden, dass sie schmecken. Zudem sind die Pflanzen wichtig für Schmetterlinge.

Basics

Aussaat Säen Sie Brennnesseln in Aussaaterde und bringen Sie sie bei 15–18 °C zum Keimen. Das geht unterschiedlich schnell. Sind die Sämlinge groß genug, ziehen sie in 9-cm-Töpfe um. Später kommen sie mit 30 cm Abstand nach allen Seiten ins Freiland.

Vermehrung Durch Teilung älterer Pflanzen von Oktober bis März. Die Teile kommen mit 30 cm Abstand zueinander in gut vorbereitete Erde.

Ernte Bei Bedarf, indem man entweder die ganzen Pflanzen herauszieht und entlaubt oder einzelne Blätter abzwickt. Im Lauf der Saison werden sie allerdings immer zäher.

Erfolgsgeheimnisse

Andere Arten wie *U. urens, U. thunbergiana* und *U. dioica* subsp. *gracilis* sind ebenfalls essbar, schmecken aber nicht so gut.

Von Brennnesseln ernähren sich die Raupen vieler Schmetterlinge wie Tagpfauenauge, Großer Fuchs, Admiral und C-Falter.

Die wüchsige, essbare Staude gedeiht selbst im trockenen Schatten.

Die Blätter lassen sich als Gemüse zubereiten, als Tee aufbrühen oder zu Bier brauen.

Die Pflanzen sind entweder männlich oder weiblich. Wer übermäßige Selbstaussaat vermeiden will, behält nur die »Männer«.

Damit die Blätter nicht faserig werden, kappt man die Pflanzen alle sechs Wochen.

Damit sich Brennnesseln nicht ungebührlich ausbreiten, kann man sie in Gefäßen ziehen, die in der Erde versenkt werden, und zwickt Blüten immer gleich ab.

Bambus

Mehrere Arten

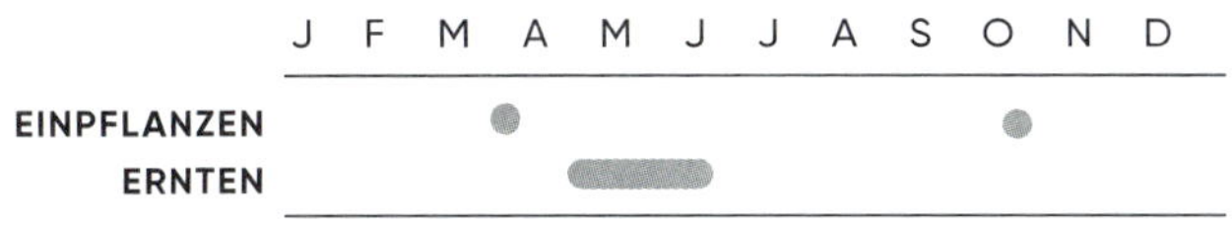

VON DER AUSSAAT BIS ZUR ERNTE
1–3 Jahre

ARTEN

Phyllostachys edulis – ausbreitungsfreudige, große Art, bis 6 m hoch; unbedingt mit Rhizomsperre pflanzen

Bambusa aurea – 3 m hoch, grüne Halme, die mit der Zeit gelb werden, mit Rhizomsperre pflanzen

Sasa palmata – 2 m hoch, breite grüne Blätter, breitet sich aus, mit Rhizomsperre pflanzen

Chusquea culeou – horstbildend, 3 m hoch, mittelgrüne Halme, nur mäßig winterhart

HERKUNFT

Ganz Asien, braucht unterschiedlichste Bedingungen

WÄCHST AUCH IN

Zonen 1, 3, 4, 5 und 6

WINTERHÄRTE

Je nach Art winterhart oder nicht winterhart

LEBENSZYKLUS

Mehrjährig

ERTRAG

★★/☆☆☆☆☆

AUFWAND

8/10

Die Gruppe der Bambusse ist so vielfältig, dass sich bestimmt eine Art findet, die sich für Ihren Garten eignet. Die riesigen Gräser haben einen hohen Zierwert und sind in unterschiedlichen Farben, Formen und Größen erhältlich. Ihre zarten Neutriebe werden in der asiatischen Küche geschätzt. Viele sollten allerdings aufgrund ihres Ausbreitungsdrangs mit Rhizomsperre gepflanzt werden, um pflegeleicht zu bleiben.

Basics

Einpflanzen Bambus wird im Frühjahr oder Herbst gepflanzt, wenn der Boden relativ warm und feucht ist. Da die Pflanzen nährstoffhungrig sind, muss reifer Stallmist oder Kompost eingearbeitet und gedüngt werden.

Pflege Ernten Sie nur von älteren Horsten. Jungpflanzen profitieren von etwas zusätzlichem Wasser bei Trockenheit. Ältere Exemplare werden jährlich im Frühjahr gedüngt.

Ernte Geerntet werden frische Halme, die im Frühjahr und Frühsommer erscheinen. Einen Teil lässt man aber stehen.

Erfolgsgeheimnisse

Bambusse kommen mit den meisten Böden zurecht, außer mit sehr nassen.

Mulchen Sie die Horste jährlich. Das abgefallene Laub enthält Kieselsäure, die die Pflanzen kräftigt.

Manche kann man in große Töpfe pflanzen oder eine Sperre um die Horste in der Erde versenken, damit sie sich nicht ausbreiten.

Entfernt man die unteren Blätter, kommen die schönen Halme besser zur Geltung.

Teilen Sie Bambusse alle paar Jahre im Frühjahr, wenn möglich.

Die Sprossen müssen gekocht werden, da sie roh giftig sind.

Älterer Bambus bildet jährlich im Frühjahr neue Sprossen. Die Pflanzen gedeihen auch an problematischen Standorten.

Zehn weitere Gartenstars

Oregon-Stachelbeere und Jostabeere

Aus der Gattung *Ribes* bieten sich *R. divaricatum* und *R.* × *nidigrolaria* für trockenen Schatten an. Beide sind winterhart und sommergrün und lassen sich am besten als Kreuzung aus Stachelbeere und Schwarzer Johannisbeere beschreiben. Die murmelgroßen Beeren färben sich reif schwarz.

Brombeeren und Hybridbeeren

Eine große, vielfältige Gruppe rutenbildender Beerensträucher, von denen viele völlig winterhart sind und hohe Erträge liefern. Brombeeren (*Rubus fruticosus*) nebst Hybriden – in erster Linie die Taybeeren (*R.* Tayberry-Gruppe) und Loganbeeren (*R.* × *loganobaccus*) – wachsen im trockenen Schatten über sich hinaus. Immer häufiger bekommt man auch kompakte Formen.

Blaue Heckenkirsche

Die winterharte sommergrüne Pflanze, lat. *Lonicera caerulea*, kommt auf der gesamten Nordhalbkugel vor. Setzen Sie am besten zwei oder drei, damit sie ausreichend Ertrag zusammenbekommen. Im zeitigen Frühjahr öffnen sich duftende Blüten. Die länglichen, blauen Beeren gefallen mit süß-saurem Geschmack bereits im Mai.

Süßdolde

Die nach Anis duftende, mehrjährige Süßdolde (*Myrrhis odorata*) kommt mit Trockenheit am besten zurecht, wenn sie sich selbst aussät. Sie setzt die ganze Saison über Blätter an. Ihre Blütendolden werden von Insekten geschätzt und erscheinen im Sommer. Auch die Wurzeln und Samen sind essbar.

Bärlauch

Der Bärlauch (*Allium ursinum*) kommt häufig in feuchten Wäldern vor. Im feuchten Schatten ist er fast allgegenwärtig, im trockenen dagegen zügelt er seinen Ausbreitungsdrang. Die weißen Blüten öffnen sich im Frühsommer.

Die langen, stacheligen Ruten der Brombeeren krallen sich an Bäume und Sträucher und streben so zum Licht.

Auf feuchtem Untergrund können sich große Bärlauchteppiche bilden. Wo es trocken ist, breitet er sich weniger stark aus.

Frühlings-Barbarakraut

Die winterharte europäische Zweijährige oder kurzlebige Staude, *Barbarea verna*, bietet das ganze Jahr über angenehm pfeffriges Laub auf. Sie bildet nach Aussaat rasch eine hübsche Rosette aus gewelltrandigen Blättern. Selbst ausgesäte Exemplare kommen am besten mit Trockenheit zurecht.

Herzförmige Aralie

Auffallend dekorative Blätter sind das Markenzeichen der Herzförmigen Aralie (*Aralia cordata*), einer Staude aus Ostasien, bisweilen auch Udo genannt. Die frischen Triebe werden im Frühjahr gebleicht und schmecken wie milder Spargel. Mulchen Sie Jungpflanzen, damit sie gut wachsen und trockenheitsverträglich werden. 'Sun King' ist eine Sorte mit goldgelbem Laub.

Berberitzen

Mehrere *Berberis*-Arten liefern Beeren: *B. vulgaris, B. wilsoniae, B. aristata, B. buxifolia* und *B. darwinii*. Die säuerlichen Früchte sitzen an bedornten, sommer- oder immergrünen Sträuchern. Sie blühen im Frühjahr und sind eine gute Nektarquelle für Bestäuber.

Mahonien

Viele *Mahonia*-Arten – *M.* × *media, M. aquifolium, M. nervosa* und *M. repens* – liefern Beeren. Sie sind meist bläulich und bereift, schmecken süß und können roh oder gekocht genossen werden. Die Blätter sind stachelig, die gelben Blüten sind eine gute Bienenweide.

Kopfeiben

Zwei *Cephalotaxus*-Arten, *C. harringtonia* und *C. fortunei*, setzen kirschgroße Beeren an. Die Koniferen aus Ostasien wachsen langsam. Weibliche Pflanzen brauchen einen männlichen Bestäuber.

Die Blätter des Barbarakrauts bereichern Frühjahrs- und Herbstsalate.

Berberitzen sind unproblematische Sträucher mit schönen Blüten im Frühjahr und Beeren im Herbst.

Projekt:

Wundermulch für gesunde Wurzeln ansetzen

Vollschatten geht meist mit feuchten Böden einher, doch ab und an ist er auch trocken, etwa unter großen Hecken oder Bäumen. Einige Pflanzen überleben dort, aber wenn man es ihnen etwas gemütlicher machen möchte, kann man ihnen eine feuchtigkeitsspeichernde Schicht aus selbst angesetztem Mulch gönnen. Kostet nichts und macht wenig Arbeit.

Es kann unglaublich nützlich sein, beim Kauf eines neuen Hauses gleich einen Baum oder eine Hecke von stattlicher Größe mit zu übernehmen. Solche Elemente bringen Struktur in den Garten und dienen neueren Pflanzungen als Rückgrat. Allerdings übernimmt man damit auch ein ausgedehntes Wurzelsystem, das in Konkurrenz zu Obst- und Gemüsebeeten steht. Die älteren Pflanzen mit ihrem eingewachsenen Wurzelwerk behalten dabei unweigerlich die Oberhand.

Die Natur nachempfinden

Alle für Zone 7 aufgeführten Pflanzen kommen mit schattigen, trockenen Bedingungen zurecht. Will man ihnen aber etwas Gutes tun oder sogar Nutzpflanzen anbauen, die feuchten Schatten brauchen, sollte man mit organischem Mulch arbeiten. Mit ihm wird die Natur ein Stück nachempfunden, denn er entspricht abgefallenem Laub, das sich jährlich im Herbst auf den Boden sommergrüner Wälder legt oder in Nadelwäldern den Boden im Jahreslauf allmählich bedeckt. Wir entfernen Laubreste oft in unseren Gärten – mit einer Mulchschicht bringen wir sie zurück.

Sie brauchen

Garten- und Küchenabfälle
Komposter
Häcksler oder Heckenschere
Grabgabel

Schritt für Schritt

1 Ein Komposter kann aus einem schlichten Haufen in einem Gartenwinkel oder einem aufwendigen System mit mehreren Behältern bestehen. Dort hinein kommen alle organischen Abfälle. Idealerweise werden sie vorher gehäckselt. Holzige Stücke zerkleinert man.

2 Alle Gartenabfälle regelmäßig auf den Komposter werfen. Grünes (saftiges) und braunes (holziges) Material sollte gemischt statt schichtweise hineingeworfen werden.

3 Den Haufen gelegentlich wenden, um den Inhalt zu durchmischen (mindestens viermal jährlich), damit alle Bestandteile gleichmäßig kompostiert werden und alle eine gewisse Zeit in der Mitte verbringen, wo es am heißesten ist und die Zersetzung am schnellsten abläuft.

4 Sobald der Kompost dunkelbraun ist und keine einzelnen Pflanzenteile mehr darin erkennbar sind (nach ca. 9–12 Monaten), den Mulch mindestens 5 cm hoch auf den Beeten verteilen, am besten im Frühjahr.

1

2

3

4

Nur weil man keinen Garten im Freien hat, muss man seine gärtnerischen Ambitionen noch lange nicht ad acta legen. Im Gegenteil: Wer seine Nutzpflanzen unter Glas, also drinnen oder in Gewächshäusern, kultiviert, hat sogar den Vorteil, dass er zu 100 Prozent die Kontrolle über die Wuchsbedingungen hat. Das bedeutet: Weder Stürme noch Überschwemmungen noch Fröste plagen die Kulturen– wie toll ist das denn? Kultivieren Sie Erbsensprossen, Weizengras, Blattsalate und Microgreens in platzsparenden Untersetzern. Zitronengras, Stevia, Ingwer, Kurkuma, Galgant und Kardamom finden ihren Weg auf das Schneidebrett in der Küche, während Zitronen, Limetten und Kumquats sich für Desserts und Drinks anbieten. Kompakte Chilis und Tomaten bereichern Ihren Speiseplan. Und wer wäre nicht stolz darauf zu verkünden, dass das Ausgangsmaterial für den Tee in der eigenen Wohnung wächst?

Zone 8
Drinnen

Zwerg-tomaten

Solanum lycopersicum

	J	F	M	A	M	J	J	A	S	O	N	D
AUSSÄEN			■	■								
UMPFLANZEN				■	■	■						
ERNTEN							■	■	■	■	■	■

VON DER AUSSAAT BIS ZUR ERNTE
14–20 Wochen

SORTEN

'Veranda Red' F1 – gedrungene, aufrechte Pflanzen, ertragreich, rote kirschgroße, schmackhafte Früchte

'Losetto' F1 – hängende rote Kirschtomate, ideal für Blumenampeln, geringe Anfälligkeit für Fäule

'Tiny Temptations Yellow' F1 – hängende Ampelsorte, gelbe, kirschgroße Früchte

'Lemon Sherbet' F1 – aufrechte, buschige Sorte mit gelben, kirschgroßen Früchten

HERKUNFT

Mexiko und die restliche Neue Welt

WÄCHST AUCH IN

Zonen 1, 2 und 3, sofern ausreichend warm

WINTERHÄRTE

Nicht winterhart, frostempfindlich

LEBENSZYKLUS

Mehrjährig, aber einjährig kultiviert

ERTRAG

★★★★/☆☆☆☆☆

AUFWAND

9/10

In ihrer ursprünglichen Form ist die Tomate eine Pflanze mit langen, kriechenden Trieben. Durch Züchtung sind kompaktere Formen entstanden. In jüngerer Zeit bemüht man sich ferner um die Selektion kleinwüchsiger Sorten mit verschiedenen Fruchtfarben und -formen sowie Widerstandsfähigkeit gegen Krankheiten, wodurch sich die Palette enorm erweitert hat.

Basics

Aussaat Ausgesät wird im Frühjahr 5 mm tief mit 1 cm Abstand in Töpfe unter Glas. Später kommen die Sämlinge in Töpfe mit 9 cm Durchmesser, bleiben aber drinnen.

Einpflanzen Sobald sich die ersten Blüten öffnen, kommen die Setzlinge in ihren endgültigen Topf. Wie groß er ist, hängt von der finalen Größe der Pflanze ab. Im Zweifelsfall nehmen Sie lieber ein etwas größeres Gefäß.

Ernte Tomaten genießen ein Sonnenbad. Sie werden gut gewässert, vor allem, solange sich das Wurzelsystem noch entwickelt. Außerdem brauchen sie einen stickstoff- und kaliumreichen Flüssigdünger. Geerntet werden die Früchte einzeln, sobald sie reif sind.

Erfolgsgeheimnisse

Anzuchtkasten auf 18–22 °C einstellen, um eine gute Keimrate zu erreichen. Nach 7–10 Tagen sollten die Samen keimen.

Wer Tomaten ausschließlich drinnen zieht, sollte sie schon im Februar ansäen. Die Sämlinge brauchen aber viel Licht.

Kompakte Sorten wie 'Losetto' versprechen hohen Ertrag auf kleinstem Raum.

Wer das Wachstum früh und spät in der Saison ankurbeln möchte, kann Pflanzenlampen einsetzen.

Ist eine Aussaat nicht möglich, kaufen Sie Setzlinge. Das Angebot wird immer größer.

Kompakte Sorten tragen oft anfangs gut, lassen später aber nach und setzen nur noch schubweise Früchte an.

Es kann sich lohnen, sukzessive mehrere Portionen auszusäen, um drinnen ganzjährig ernten zu können.

Erbsensprossen

Pisum sativum

	J	F	M	A	M	J	J	A	S	O	N	D
AUSSÄEN	▬	▬	▬	▬	▬	▬	▬	▬	▬	▬	▬	▬
ERNTEN	▬	▬	▬	▬	▬	▬	▬	▬	▬	▬	▬	▬

VON DER AUSSAAT BIS ZUR ERNTE
2–4 Wochen

SORTEN
Alle Sorten eignen sich für die Sprossenzucht

HERKUNFT
Kleinasien; mittlerweile in allen gemäßigten Zonen im Anbau

WÄCHST AUCH IN
Zonen 1 und 3

WINTERHÄRTE
Nicht sehr frosthart

LEBENSZYKLUS
Einjährig

ERTRAG
★★★★/☆☆☆☆☆

AUFWAND
9/10

Wer innerhalb weniger Wochen superfrisches, familientaugliches Gemüse herbeizaubern möchte, ist mit Erbsensprossen bestens bedient. Die wüchsigen Pflänzchen schmecken genauso wie die Hülsenfrüchte, sind aber schon binnen weniger Wochen erntereif. Erbsensprossen lassen sich unglaublich leicht auf einer Fensterbank ziehen.

Basics

Aussaat Geben Sie in eine Schale 1–2 cm dick Substrat – preiswerte Universalerde reicht. Gut gießen, Wasser ablaufen lassen, dann dicht unter die Oberfläche säen.

Pflege Die Erde muss dauerhaft feucht bleiben, während die Samen keimen. Nicht überwässern – überschüssiges abgießen. Drehen Sie die Schale öfter, damit die Sprossen nicht nur in eine Richtung wachsen.

Ernte Geerntet wird mit der Schere, sobald die Sprossen 8–12 cm hoch sind. Am süßesten schmecken sie frisch geerntet, doch kann man sie ein paar Stunden im Kühlschrank oder in eisgekühltem Wasser aufbewahren.

Erfolgsgeheimnisse

Getrocknete Markerbsen aus dem Supermarkt sind eine preiswerte Samenquelle.

Jede flache Schale eignet sich – auch Behälter, die sonst weggeworfen würden.

Erde ist kein Muss – selbst Watte und Küchenpapier eignen sich als Substrat.

Lassen Sie die Sprossen nicht zu groß werden, da sie sonst faserig werden.

Wer kontinuierlich ernten möchte, sät wöchentlich eine neue Portion aus.

Nach der ersten Ernte treiben die Aussaaten noch einmal aus, aber schwächer.

Ein Untersetzer mit Erbsensprossen nimmt wenig Platz weg, liefert aber jede Menge Grün.

Microgreens

Mehrere Arten

	J	F	M	A	M	J	J	A	S	O	N	D
AUSSÄEN												
ERNTEN												

VON DER AUSSAAT BIS ZUR ERNTE
1–4 Wochen

SORTEN UND ARTEN

Koriander 'Micro Coriander Splits' – eine rasch keimende Sorte dieses beliebten Krauts

Basilikum 'Lemon' – bietet eine Mischung aus Zitronen- und dem typischen Basilikumgeschmack

Kerbel – keimt rasch, Blätter mit zartem Anisgeschmack

Anis-Duftnessel (*Agastache foeniculum*) – keimt rasch und gleichmäßig, warmer, minzeartiger Geschmack

HERKUNFT
Unterschiedlich

WÄCHST AUCH IN
Zonen 1, 3 und 5

WINTERHÄRTE
Unterschiedlich

LEBENSZYKLUS
Unterschiedlich

ERTRAG
★★/☆☆☆☆☆

AUFWAND
9/10

Microgreens sind Gemüse und Kräuter im Miniformat mit maximalem Geschmack. Da man wenig Platz dafür benötigt, stehen sie bei allen Pflanzenfreunden hoch im Kurs. Dabei braucht man nicht einmal Erde. So wird die Fensterbank zum Geschmacksgenerator für die Küche.

Basics

Aussaat Füllen Sie 1–2 cm Erde in ein Gefäß. Gut wässern, Wasser ablaufen lassen, dann Samen daraufstreuen und dünn mit Erde abdecken. Schließlich noch einmal wässern.

Pflege Die Kulturen an einen hellen Platz stellen– eine Belichtung schadet nicht (siehe S. 186–187). Während der Keimung soll die Erde leicht feucht bleiben. Nicht überwässern und überschüssiges Wasser abgießen.

Ernte Ernten Sie die Triebe mit der Schere, sobald sie 1–3 cm hoch sind. Am besten sofort verzehren, weil sie frisch am intensivsten schmecken. Ggf. kann man sie waschen und wenige Tage im Kühlschrank lassen.

Erfolgsgeheimnisse

Ebenfalls empfehlenswert als Microgreens: Rucola, Fenchel, Senf, Minze, Schnittlauch, Perilla, Ampfer, Radieschen, Sauerklee, Rote Beten und Amarant.

Jedes flache Gefäß eignet sich, auch recycelte leere Verpackungen.

Erde ist keine Pflicht – das Gemüse keimt selbst auf Baumwolle und Küchenpapier.

Besprühen ist besser als Wässern.

Säen Sie jede Woche ein weiteres Gefäß an. So bekommen Sie kontinuierlich Nachschub.

Der Geschmack der Sämlinge ändert sich mit zunehmender Größe. Machen Sie vor dem Ernten daher einen Geschmackstest.

Microgreens brauchen wenig Platz, haben aber viel Geschmack.

Opuntien

Opuntia species

J F M A M J J A S O N D

EINPFLANZEN

ERNTEN

VOM EINPFLANZEN BIS ZUR ERNTE
1 Woche bis mehrere Jahre

ARTEN

O. bergeriana – große Blätter, kleine rote Früchte, 1,5 m hoch

O. ficus-indica – große Segmente, orangerote Kaktusfeigen, 2 m hoch

O. polyacantha – kompakt, sehr dornige grüne Segmente

O. robusta – fast runde Segmente, gelegentlich kleine rote Früchte, bis 1 m

HERKUNFT

Wüsten der Neuen Welt, heute in allen trockenheißen Regionen zu finden

WÄCHST AUCH IN

Zonen 1 und 2 im Sommer

WINTERHÄRTE

Nicht winterhart

LEBENSZYKLUS

Mehrjährig

ERTRAG

★★/☆☆☆☆☆

AUFWAND

9/10

Man kann diese ornamentalen Wüstenpflanzen in der Wohnung kultivieren. Die jungen Triebabschnitte und Früchte sind eine schmackhafte Zutat für süße und pikante Speisen. Weil sie außerdem herrlich pflegeleicht sind, macht man mit ihnen nichts falsch.

Basics

Einpflanzen *Opuntia*-Kakteen brauchen sehr stark durchlässige Erde, am besten eine 1:1-Mischung aus torffreier Erde und feinem Kies oder Gartensand. Je größer die Töpfe, desto größer werden die Pflanzen. Wichtig ist ein vollsonniger Platz.

Pflege Die Pflanzen vertragen Trockenheit, gießen Sie sie nicht zu viel. Während des Wachstums ist ein phosphorreicher Dünger für guten Blüten- und Fruchtansatz ratsam.

Ernte Die Triebabschnitte werden geerntet, sobald sie groß genug sind, jung haben sie weichere Dornen. Im Sommer erscheinen die Blüten an den Triebspitzen, im Herbst die Früchte. Sie sind reif, sobald sie weich sind.

Erfolgsgeheimnisse

In Töpfen bleiben die Kakteen kompakt (im Freiland würden sie wesentlich größer).

Die Dornen werden mit einem Messer entfernt oder mit Kaktushandschuhen weggerieben.

Kompaktere Arten wie *O. microdasys* sind essbar, aber dicht mit Dornen besetzt.

Am verlässlichsten fruchtet *O. ficus-indica*.

Opuntia-Kakteen erreichen in ihrer Heimat stattliche Ausmaße, werden bei uns aber als kompakte Zimmerpflanzen gezogen.

Die Vermehrung erfolgt mit Stecklingen. Dazu Triebabschnitte abschneiden, warten, bis sie einen Kallus auf der Wunde bilden, und in feinkiesige Erde stecken.

Säen Sie im Frühjahr in feinkiesiges Substrat und stellen Sie das Gefäß in einen hellen Anzuchtkasten bei 18–20 °C.

Zitronengräser

Cymbopogon

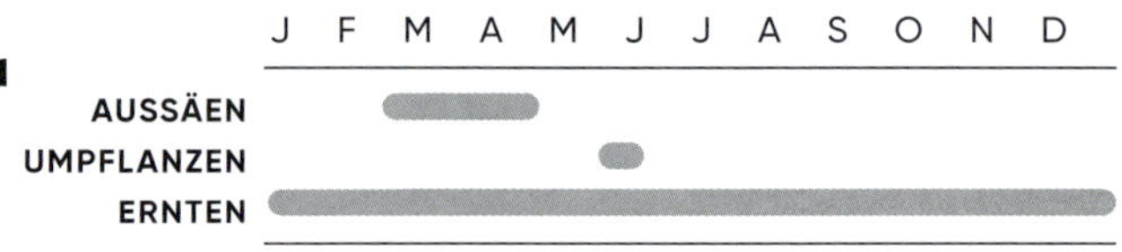

VON DER AUSSAAT BIS ZUR ERNTE
22–32 Wochen

ARTEN

C. citratus – Westindisches Zitronengras, überall erhältlich, bildet 1 m hohe Horste

C. flexuosus – Malabargras, kompakter, besser für kleinere Gefäße geeignet

C. nardus – Zitronellagras, wird zur Zitronellaölgewinnung angebaut, auch zum Aromatisieren

HERKUNFT

In vielen Tropenregionen verbreitet

WÄCHST AUCH IN

Zone 1, für den Sommer

WINTERHÄRTE

Nicht winterhart

LEBENSZYKLUS

Mehrjährig

ERTRAG

★★★★/☆☆☆☆☆

AUFWAND

8/10

Zitronengräser sind ein unverzichtbarer Bestandteil der asiatischen Küche. Sie können die hoch aromatischen, wüchsigen und zugleich dekorativen Gräser auch selbst anbauen. Weil sie gänzlich unkompliziert sind, schätzen viele sie als willkommene grüne Gäste.

Basics

Aussaat Die Samen werden in einen Topf auf feuchte Erde und in einen beheizbaren Anzuchtkasten mit 18–22 °C gestellt, bis sie groß genug sind, um vereinzelt zu werden.

Einpflanzen Die Sämlinge wachsen rasch und kommen einzeln in Töpfe mit Universalerde, sobald sie ein ordentliches Wurzelsystem haben. Dort werden sie gut gewässert und wöchentlich mit Volldünger versorgt.

Ernte Die Stängel sind erntereif, sobald sie am Ansatz etwa bleistiftdick sind. Sie werden oberhalb des Ansatzes abgeschnitten; braune äußere Schichten entfernt man.

Erfolgsgeheimnisse

Teilen Sie Horste mit einem alten Brotmesser, sobald sie zu dicht werden, damit sie weiter frische Stängel liefern.

Im Sommer kann man die Pflanzen nach draußen stellen, im Winter aber müssen sie frostfrei stehen.

Die Samen keimen rasch, sofern sie viel Wärme und Feuchtigkeit bekommen.

Zitronengräser vertragen Wind und eignen sich daher bestens für die Balkonkultur.

Schon eine einzige Pflanze reicht, um Sie mit genug Stängeln zu versorgen.

Zitronengräser können über Stecklinge vermehrt werden. Trennen Sie sie am besten mitsamt einiger intakter Wurzeln ab.

Das Laub ist recht hart – wenn Sie die Pflanzen mit den Fingern »kämmen«, um abgestorbene Blätter zu entfernen, sollten Sie Handschuhe tragen, um sich nicht zu schneiden.

Zitruspflanzen

Citrus

J F M A M J J A S O N D

EINPFLANZEN

ERNTEN

VOM EINPFLANZEN BIS ZUR ERNTE
1 Woche bis mehrere Jahre

ARTEN

C. australasica – die Kaviarlimette, längliche Früchte, nicht winterhart

C. hystrix – die Kaffernlimette; runzlige Früchte, hoch aromatisches Laub

C. japonica – Kumquat, wüchsig, ertragreich

C. × limon – wüchsige, gesunde Hybriden, liefern große Zitronen

HERKUNFT

Tropen; die Pflanzen brauchen helle, frostfreie Standorte

WÄCHST AUCH IN

Zone 1 (im Sommer)

WINTERHÄRTE

Nicht winterhart

LEBENSZYKLUS

Mehrjährig

ERTRAG

★★★/☆☆☆☆☆

AUFWAND

5/10

C. reticulata **setzt viele kleine, hoch aromatische, superleckere Mandarinen an.**

Zitrusfrüchte erinnern an Urlaub im Süden und erfrischende Drinks. Sie sind Saftbomben mit viel Geschmack und unverwechselbarem Aroma. In ihrer Heimat hängen sie an stattlichen Bäumen, bei uns zähmen wir sie zu kompakten und dennoch reich tragenden Topfpflanzen.

Basics

Einpflanzen Zitruspflanzen kommen in Töpfe mit nährstoffreicher, aber stark durchlässiger Erde. Ideal ist spezielle Zitruserde oder eine Mischung aus torffreier Moorbeeterde und Pflanzerde mit Kiesanteilen.

Pflege Wässern Sie Zitruspflanzen regelmäßig und versuchen Sie, den Gehölzen eine feuchtwarme Umgebung zu bieten, wenn sie voll im Wachstum sind. Wichtig sind regelmäßige Spezialdüngergaben. Probleme können Rote Spinnmilben und Schildläuse bereiten.

Ernte Im Frühjahr öffnen sich duftende, cremeweiße Blüten, aus denen im Herbst und Winter die Früchte reifen. Sie werden geerntet, sobald sie ihre typische Farbe haben.

Erfolgsgeheimnisse

Zitrusdünger enthält einen ausgewogenen Nährstoffmix.

In unseren Breiten ist nur die Bitterorange (*C. trifoliata*) in milden Lagen winterhart.

Gekühlt lassen sich die Früchte viele Wochen lang lagern.

Geschnitten wird, indem man dichten Wuchs im Winter auslichtet und die Spitzen frischer Triebe im Sommer abzwickt.

Aussaat ist möglich, aber die Qualität der Früchte variabel. Zudem kann man erst nach vielen Jahren mit Früchten rechnen.

Im Sommer stehen die Bäume gerne draußen, müssen aber an Sonne gewöhnt werden.

Ingwer und Verwandte

Zingiber, Curcuma, Elettaria und *Alpinia*

	J	F	M	A	M	J	J	A	S	O	N	D
EINPFLANZEN	●	●	●	●	●	●	●	●	●	●	●	●
ERNTEN	●	●	●	●	●	●	●	●	●	●	●	●

VOM EINPFLANZEN BIS ZUR ERNTE
Eine bis mehrere Wochen

ARTEN

Zingiber officinale – Ingwer: kriechende Rhizome, scharfer Ingwergeschmack, lanzettliches grünes Laub

Curcuma longa – Kurkuma: sattgelbe Rhizome, mittelgrüne Blätter

Alpinia galanga – Thai-Ingwer: cremeweiße Rhizome, derbe, sattgrüne Blätter

Elettaria cardamomum – Grüner Kardamom: Rhizomstaude mit Kapselfrüchten

HERKUNFT
Indien

WÄCHST AUCH IN
Zone 5 (im Sommer)

WINTERHÄRTE
Nicht winterhart

LEBENSZYKLUS
Mehrjährig

ERTRAG
★★★/☆☆☆☆☆

AUFWAND
8/10

Zur Familie der Ingwergewächse gehört eine Reihe wichtiger Gewürze. Und das Beste: die intensiv aromatischen Rhizome von Ingwer, Kurkuma oder Thai-Ingwer kann man selbst anbauen. Wenn man viel Glück hat, trägt auch der Kardamom seine Kapselfrüchte mit ihrem unverwechselbaren Geschmack.

Basics

Einpflanzen Setzen Sie die Rhizome oberflächennah in Töpfe mit 25 cm Durchmesser. Ideal ist torffreie Universalerde mit etwas Dünger. Behutsam wässern.

Pflege Wenn die Pflanzen gut wachsen, erhöht man die Wassergaben und düngt wöchentlich mit Volldünger. Sie stehen gern im Halbschatten.

Ernte Ernten Sie die Rhizome von Ingwer, Thai-Ingwer und Kurkuma, sobald sie groß genug sind, lassen Sie aber noch genug in der Erde, damit sie weiterwachsen. Kardamomsamen ernten, sobald die Kapseln hart sind.

Erfolgsgeheimnisse

Die Pflanzen brauchen während des Wachstums viele Nährstoffe.

Sie kommen mit weniger Licht besser zurecht als andere drinnen gezogene Nutzpflanzen und sind damit nützliche Lückenfüller.

Zu dichte oder große Exemplare werden im Sommer geteilt.

Die Blüten haben einen hohen Zierwert.

Ingwer ist eine gute Blattschmuckpflanze für den Schatten.

Die Pflanzen treten in eine Winterruhe. Schneiden Sie in dieser Zeit Welkes heraus und wässern Sie weniger.

Eine Vermehrung durch Teilen und Eintopfen gekaufter Rhizome ist möglich.

Granatapfel

Punica granatum

J F M A M J J A S O N D

EINPFLANZEN

ERNTEN

VOM EINPFLANZEN BIS ZUR ERNTE
1 Woche bis mehrere Jahre

ARTEN

P. granatum – gut erhältlich, buschiger Wuchs, rot überlaufene Früchte

P. g.* var. *nana – kompakte Form, ideal für kleinere Gefäße

***P. g.* 'Mollar de Elche'** – orange Schale, saftiges rotes Fleisch

***P. g.* 'Wonderful'** – gesunde Pflanzen, große rote Früchte

HERKUNFT

Südasien, wird inzwischen aber auch in subtropischen Klimazonen mit langen, sonnigen Sommern angebaut

WÄCHST AUCH IN

Zone 1 (im Sommer)

WINTERHÄRTE

Nur in sehr milden Lagen winterhart

LEBENSZYKLUS

Mehrjährig

ERTRAG

★★/☆☆☆☆☆

AUFWAND

6/10

Granatäpfel gelten als sehr gesund. Sie enthalten viele Antioxidantien und eignen sich gut für sonnige Räume bzw. Wintergärten. Dank ihres langsamen Wachstums kann man sie gut drinnen ziehen. Die dekorativen Blüten und Früchte werten jedes Interieur auf.

Basics

Einpflanzen Granatäpfel bevorzugen stark durchlässige, aber nährstoffreiche Böden. Man pflanzt sie in einen Mix aus Pflanzerde mit Tonanteilen, torffreie Universalerde und Kies. Im Frühjahr behutsam wässern.

Pflege Wässern Sie die Bäume im Sommer im Wachstum gut. Alle 14 Tage brauchen sie einen Flüssigdünger.

Ernte Im Frühsommer setzen ältere Exemplare Blüten an, auf die runde Früchte folgen. Sie brauchen im Herbst viel Wärme, um zu reifen. Geerntet werden Granatäpfel, sobald sie voll ausgeformt sind. Sie halten eine Woche.

Erfolgsgeheimnisse

In sehr milden Lagen können Granatapfelbäume draußen überleben. Töpfe und Pflanze müssen im Winter jedoch gut eingepackt werden.

Für einen optimalen Fruchtansatz ist regelmäßiges Düngen unumgänglich. Nicht zu stark schneiden und im Herbst für viel Wärme sorgen.

Exemplare mit verdichtetem Ballen werden im Frühjahr in einen größeren Topf gesetzt.

Granatäpfel lassen sich auch drinnen in der Wohnung ziehen.

Aussaat in feuchter Saaterde bei 18–24 °C.

So wenig wie möglich schneiden – es reicht, toten und verdichteten Wuchs zu entfernen.

Die Bäume sind selbstfruchtbar, doch Fremdbefruchtung erhöht den Ertrag.

Agaven

Mehrere Arten

	J	F	M	A	M	J	J	A	S	O	N	D
EINPFLANZEN	●	●	●	●	●	●	●	●	●	●	●	●
ERNTEN	●	●	●	●	●	●	●	●	●	●	●	●

VON DER AUSSAAT BIS ZUR ERNTE
1 Woche bis mehrere Jahre

ARTEN

A. americana – die Hundertjährige Agave, große, offene Rosetten aus bandförmigen, bedornten Blättern

A. parryi – Mescal-Agave, dichte Rosetten aus spatelförmigen, bereiften Blättern mit dorniger Spitze

A. salmiana – sehr große, vasenförmige Agave, breite, graugrüne Blätter

A. utahensis – bildet eine kompakte Kuppel aus schmalen, bereiften, ledrigen Blättern mit Enddorn

HERKUNFT

Heiße, trockene Regionen der Neuen Welt

WÄCHST AUCH IN

Zonen 1 und 2 (im Sommer)

WINTERHÄRTE

Nicht winterhart

LEBENSZYKLUS

Mehrjährig

ERTRAG

★★/☆☆☆☆☆

AUFWAND

9/10

Ihre Beliebtheit verdanken Agaven ihrem hübschen Äußeren und ihrer unkomplizierten Natur. Dabei haben sie auch in der Küche etwas zu bieten, denn die Herzen, Blüten, Triebe und der Saft sind genießbar. Freuen Sie sich auf Agavenbraten und einen Agaventrunk.

Basics

Einpflanzen Verwenden Sie einen stark durchlässigen 1:1-Mix aus torffreier Erde und Gartensand oder feinem Kies. Agaven gehören in die volle Sonne.

Pflege Agaven kommen mit sehr wenig Wasser aus, gießen Sie also zurückhaltend. Während des aktiven Wachstums tut ihnen ein Flüssigdünger alle 14 Tage gut. Braune und welke Blätter schneidet man ab.

Ernte Geerntet werden die Herzen älterer Pflanzen, um sie zu braten oder Saft daraus zu gewinnen. Weil die Pflanze danach eingeht, sollte man noch genug Jungpflanzen für künftige Ernten in der Hinterhand behalten.

Erfolgsgeheimnisse

Viele Agaven sind essbar (*A. vivipara*, *A. tequilana*), manche aber empfinden deren Saft als hautreizend.

Die Pflanzen können im Sommer nach draußen gestellt werden, müssen aber den Winter drinnen verbringen.

Agaven lassen sich gut aussäen. So kommt man preiswert zu vielen Pflanzen.

Agaven wissen im Sommer einen sonnigen Platz im Garten sehr zu schätzen.

Viele Agaven tragen tückische Dornen und sollten daher so positioniert werden, dass Kinder sich nicht aus Versehen stechen können.

Ältere Pflanzen bilden mitunter große Blütenstände. Danach geht die Rosette aber ein.

Agaven bilden »Kindel«, kleine rosettenförmige Tochterpflanzen am Ansatz. Sie lassen sich abtrennen und einpflanzen.

Zwerg-Chilis

Capsicum

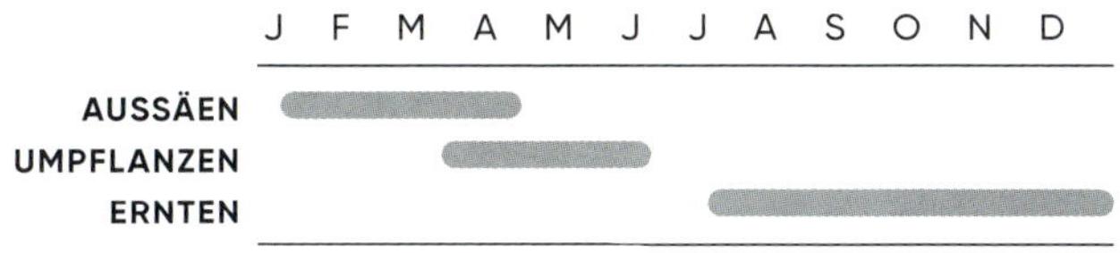

VON DER AUSSAAT BIS ZUR ERNTE
24–32 Wochen

SORTEN

'Apache' F1 – patronenförmige, scharlachrote Früchte, scharf, ertragreich

'Numex Twilight' – scharf, tropfenförmige, violette, rote, orange und gelbe Früchte

'Fairy Lights' – Unmengen aufrechter, langer Früchte, zunächst violett, dann rot, sehr scharf

'Cheyenne' – lange Früchte, die reif orange werden, fruchtig-mittelscharf

HERKUNFT

Regionen in Mittel- und Südamerika mit viel Sonne und wenig Regen

WÄCHST AUCH IN

Zone 1, außerdem in Zonen 2 und 3, falls ausreichend warm

WINTERHÄRTE

Frostempfindlich

LEBENSZYKLUS

Mehrjährig, werden überwiegend einjährig gezogen

ERTRAG

★★★★★/☆☆☆☆☆

AUFWAND

9/10

Chilis sind so beliebte Topfpflanzen, dass etliche kompakte Sorten für die Zimmerkultur gezüchtet wurden. Manche werden gerade einmal 20 cm hoch, etwa 'Stumpy', sind aber mit Früchten förmlich übersät. Andere wachsen hängend, z. B. die Sorte 'Cardiff Queen', die ebenfalls nicht mit Früchten geizt.

Basics

Aussaat Säen Sie im Frühjahr 1 cm tief mit 1 cm Abstand in Töpfe unter Glas. Sobald die Sämlinge groß genug sind, kommen sie einzeln in Töpfe mit 9 cm Durchmesser und werden drinnen weiterkultiviert.

Umpflanzen Sobald die Wurzeln den Topf ausfüllen, kommen Chilis in ihr endgültiges Pflanzgefäß mit einem Volumen von mindestens 1 l. Größere Töpfe bedeuten größere Pflanzen. Gut wässern und regelmäßig einen kalireichen Fruchtdünger verabreichen.

Ernte Die Schoten können geerntet werden, solange sie noch grün sind, oder erst dann, wenn sie Farbe bekommen haben und süßer und schärfer sind.

Erfolgsgeheimnisse

Stellen Sie den Anzuchtkasten auf 18–25 °C ein, damit eine gute Keimrate erreicht wird. Das ist vor allem bei sehr scharfen Chilis zu empfehlen.

Schütteln Sie drinnen gezogene Chilis behutsam, wenn sie blühen, um die Bestäubung zu unterstützen.

Wie groß der endgültige Topf sein muss, hängt von der Sorte ab. Manche bleiben sehr kompakt.

Drinnen können Chilis mehrjährig gezogen werden. Sie tragen dann oft das ganze Jahr.

Im Winter wässert man weniger häufig und schneidet die Pflanzen etwas. Im Frühjahr werden sie umgetopft.

Überschüsse kann man in reifem oder unreifem Zustand in verschließbaren Beuteln einfrieren.

Kompakte Sorten wie 'Numex Twilight' sind sehr dekorative und zugleich ertragreiche Zimmerpflanzen.

Zehn weitere Gartenstars

Pilzkraut

Wer den Geschmack von Pilzen mag, nicht hingegen ihre Textur, sollte es einmal mit *Rungia klossii* probieren. Diese nicht winterharte immergrüne Staude hat glänzend grüne Blätter mit knackiger Textur und ungewöhnlichem Pilzgeschmack. Sie gedeiht auch hinter Glasscheiben und im Halbschatten.

Teepflanze

Aus den Jungblättern der immergrünen *Camellia sinensis* aus Ostasien kann man seinen eigenen grünen oder schwarzen Tee zubereiten. Der Strauch braucht Moorbeeterde und viel Feuchtigkeit, verträgt aber keine Staunässe.

Dreieckiger Glücksklee

Oxalis triangularis ist eine nicht winterharte Rhizomstaude mit schönen violetten, kleeartigen Blättern, die einen angenehm säuerlichen Geschmack haben. Auch die hübschen weißen Blüten und fleischigen Rhizome sind essbar. Man kann sie gut durch Abtrennen von Rhizomstücken vermehren.

Weizengras

Rohkostler können dieses Gemüse in Massen auf der Fensterbank ziehen. Der Weichweizen (*Triticum aestivum*) wird in flache Saatschalen mit feuchtem Küchenpapier ausgesät, am besten alle 2–3 Wochen, sodass man später kontinuierlich versorgt wird. Sobald die Sämlinge 10–12 cm hoch sind, werden sie geerntet. Man kann sie zu einem sehr gesunden Saft pressen.

Echte Aloe

Die im Handel überall erhältliche Echte Aloe (*Aloe vera*) lässt sich gut in einem Topf mit stark durchlässigem Substrat kultivieren. Ihre fleischigen Blätter haben eine bittere Schale, die entfernt werden muss, wenn man das gelartige Fleisch nutzen will. Mit Zitrussaft und Zucker kann man es zu einem erfrischenden Getränk mixen.

Süßkraut

Die Blätter von *Stevia rebaudiana*, auch Stevie genannt, dienen als natürlicher Süßstoff. Die Staude aus Südamerika lässt sich gut einjährig aus Samen ziehen. Zwicken Sie die Triebspitzen gelegentlich ab, damit sie buschig wird.

Duftpelargonien

Diese bei uns nicht ganz winterharten Pflanzen, vor allem *P. crispum*, *P. graveolens*, *P. odoratissimum* und *P. tomentosum*, lassen sich gut als Gewürz einsetzen. Es gibt etliche Sorten. Man zieht sie in Töpfen mit feuchter, aber stark durchlässiger Erde. Stecklinge wurzeln leicht ein.

Roselle

Aus den getrockneten Blüten von *Hibiscus sabdariffa* lässt sich der bekannte Malven-Tee aufbrühen. Auch die Blätter sind essbar. Die Pflanze stammt aus dem tropischen Afrika und kann durch Aussaat gezogen werden. Am wohlsten fühlt sie sich im Streuschatten.

Pflücksalate

An hellen Standorten erreichen diverse Blattsalate – Rucola, Kopfsalat, Chicorée, Endivie, Senf, Mizuna, Pak Choi, Mangold, Spinat – 12–15 cm Höhe. Sie werden in flache Schalen gesät und über dem Vegetationspunkt abgeerntet, damit sie wieder neu austreiben.

Zitronenverbene

Der nicht winterharte Strauch (*Aloysia citriodora*) treibt nach Zitronen duftende Blätter aus, mit denen sich Getränke und Desserts aromatisieren lassen. Ab und an Entspitzen, damit die Pflanzen kompakt bleiben, oder man lässt sie wachsen, sodass sie Rispen aus kleinen weißen Blüten bilden. Im Sommer kann man sie nach draußen stellen.

Ganz links: Die Echte Aloe trägt fleischige Blätter und verträgt Trockenheit. Links: Die Zitronenverbene kann draußen an einem sonnigen Platz stehen. Ganz oben: Das Süßkraut empfiehlt sich als ausgezeichnete Zimmerpflanze. Oben: *Pelargonium citronellum* mag es sonnig und hell.

Projekt:

Ein Gewächshaus mit künstlichem Licht

Selbst wer keinen einzigen Quadratzentimeter Garten hat, muss nicht auf den Anbau von Nutzpflanzen verzichten. Da auch in Städten die Nachfrage nach Methoden zum Heranziehen von Obst und Gemüse steigt, wurden in letzter Zeit große Fortschritte bei der Entwicklung von Pflanzenlampen gemacht. Das Ergebnis ist der vertikale Anbau, ein platzsparendes Kultursystem für Großstädter.

Dieses Projekt, mit dem Sie eine Regalfläche in einen Minigarten für drinnen verwandeln, bringt hohe Erträge bei guter CO_2-Bilanz. Das Regal muss haltbar und leicht sauber zu machen sein. Besorgen Sie sich kurze LED-Röhren (siehe S. 192–193), damit die Pflanzen genug Licht bekommen, um gesund und standfest zu wachsen.

Zimmerkultur

Dieses Minigewächshaus eignet sich hervorragend für die Vermehrung, denn man kann schon früh im Jahr aussäen, wenn die Lichtintensität noch gering ist. Möglich ist es aber auch, dort Nutzpflanzen bis zur Reife zu bringen. Ideal sind Gewächse mit flacher Blattrosette. Viele Blattsalate bieten sich für den Anbau auf kleinstem Raum an, etwa Kopfsalat, Rucola, das Frühlings-Barbarakraut, Portulak, Mibuna, Pak Choi und Senf. Auch Blattkräuter wie Basilikum, Oregano, Minze, Koriander und Petersilie gedeihen hier – küchennäher geht es nicht! Selbst Wurzelgemüse wie Möhren der Sorte 'Paris Market' oder Radieschen sind hier nicht fehl am Platz. Suchen Sie sich bei Fruchtgemüse aber kompakte Sorten wie die Chili 'Basket of Fire' oder die Tomate 'Veranda Red' aus.

1

2

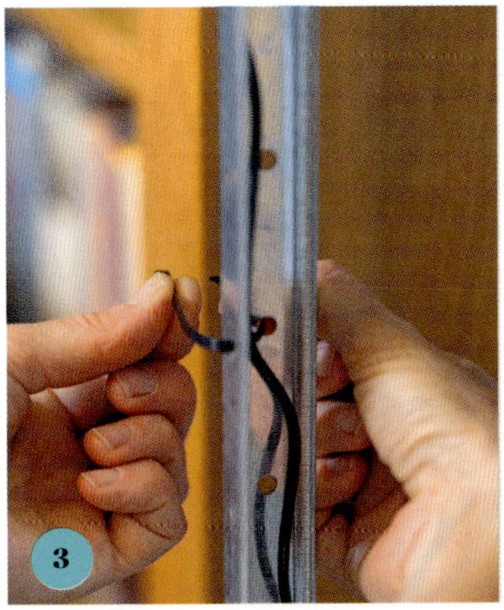

3

4

Sie brauchen

Regal
Wasserwaage
Pflanzenlampen in Röhrenform
Drähte aus Metall oder Kunststoff
Schalen

Schritt für Schritt

1 Regal auf wasserfesten Boden stellen. Es muss eben stehen. Am besten stellt man das ganze System in eine große wasserdichte Schale.

2 Regalfächer so anbringen, dass mindestens 30 cm Platz dazwischen ist. Möglich sind auch geringere Abstände (z. B. für die Vermehrung), doch kann man dann viele Pflanzen nicht mehr zur Reife bringen. Die Pflanzenlampen mit Draht unter den Regalbrettern anbringen.

3 Elektrokabel an den Regalseiten befestigen.

4 Passend große Schalen auf jedes Regalbrett stellen. Ein Verkleiden des Regalgewächshauses ist nicht sinnvoll.

5 Die jeweiligen Nutzpflanzen in ausreichend großen Töpfen oder Schalen ziehen. Nach Bedarf wässern und düngen.

5

So optimieren Sie Ihren Garten

Wasser ist in jedem Garten ein entscheidendes Element. Wer seinen Garten effizient bewirtschaften möchte, braucht daher ein optimales Wassermanagement. Dazu gehört, dass Niederschläge nutzbar gemacht und den Pflanzen angemessen zugeführt werden. Außerdem gilt es, den Boden so zu verbessern, dass er Wasser besser speichert.

Wasser

Wasser so effizient wie möglich speichern und dem Garten zuführen

Links: Fangen Sie möglichst viel Niederschläge auf, die von den Dachflächen der Gartengebäude ablaufen. Rechts: Automatische Bewässerungssysteme sind ideal für alle, die im Sommer in den Urlaub fahren. Unten rechts: Nicht nutzbare Gartenwinkel lassen sich gut mit offenen Behältern besetzen, in die man die Gießkanne nur einzutauchen braucht, um sie zu füllen.

Regen auffangen

Wasser aus der Leitung wird immer teurer und wertvoller. Daher bietet es sich an aufzufangen, was kostenlos vom Himmel fällt. Ein durchschnittliches Hausdach fängt jährlich die unglaubliche Menge von 50 000 Litern Wasser ein – versuchen Sie, wenigstens einen Teil davon für Ihren Garten zu nutzen. Selbst ein gängiges Gewächshaus oder ein Schuppen liefert immer noch 5000 Liter jährlich, weshalb man gut daran tut, die Gebäude mit Dachrinnen, Fallrohren und Wasserspeichern auszustatten.

Stellen Sie 200-Liter-Tonnen oder -Tanks in Ecken auf, die sich sonst kaum nutzen lassen. Ich habe einen engen Durchgang hinter meinem Gewächshaus mit zwei gebrauchten Zinkwannen gefüllt. Unterirdische Tanks kosten, gebrauchte Gittertanks sind erschwinglicher. Versenkt man sie in der Erde, nehmen sie keinen Platz im Garten weg.

Bewässerung

Die Vermehrung von Pflanzen ist wasserintensiv – Sämlinge und umgepflanzte Setzlinge haben wenig Wurzeln und müssen gegossen werden. Im Gewächshaus können sich Bewässerungssysteme mit integriertem Wasserspeicher lohnen. Sie bieten minimale Verluste bei maximalem Ertrag. Tropfbewässerung ist ein Muss in Gärten, in denen viel mit Pflanzgefäßen gearbeitet wird, sie muss aber regelbar sein. Wenn poröse Sickerschläuche im Boden verlegt und anschließend mit Mulch bedeckt werden, bringen sie das Wasser direkt zu den Wurzeln. Sprinkleranlagen dagegen sind Wasserverschwender. Sie benetzen lediglich die Erdoberfläche und fördern auch noch die Ausbreitung von Unkraut (siehe S. 106–107). Gartenschläuche leisten gute Dienste, vor allem wenn sie aufrollbar sind. Als Führung kann man tragfähige Pfosten in Gartenwinkeln aufstellen. Kommt im Garten Grauwasser (Brauchwasser aus dem Haushalt) zum Einsatz, darf man nur die Erde um Pflanzen wässern, die später gekocht (nicht roh) gegessen werden. Auch darf es nicht länger als 24 Stunden gelagert werden.

Bodenmanagement

Nackte Erde kommt in der Natur kaum vor. Durch Mulchen verringert man die Verdunstung von Bodenfeuchtigkeit im Bereich der Pflanzenwurzeln – also dort, wo sie am dringendsten gebraucht wird. Allerdings muss der Bodentyp dabei berücksichtigt werden (siehe S. 52–57). Durch Einarbeiten von organischer Substanz (z. B. Gartenkompost oder gut verrottetem Stallmist) lässt sich die Durchlässigkeit schwerer Böden und die Wasserspeicherfähigkeit von trockenem Erdreich verbessern. Rillen leiten Wasser nach Starkregen ab und dienen bei Dürre zugleich als Bewässerungsgräben.

Jede Pflanze braucht Licht, vor allem während der Anzucht. Ideal sind Standorte im Gewächshaus oder Folientunnel, in denen das Licht von mehreren Seiten kommt. Wer keine solchen Gartenelemente hat, sollte überlegen, ob nicht Pflanzenlampen sinnvoll sind. Solaranlagen, die Sonnenenergie für künstliches Licht einfangen, können die Stromrechnung enorm senken.

Licht

Solarenergie einfangen und künstliche Lichtquellen optimieren

Vermehrung in der Wohnung

Viele Pflanzen zieht man in der Wohnung vor, denn auch im Gewächshaus ist es in unseren Breiten lange zu kalt, vor allem, wenn es nicht beheizt ist. Bei der Anzucht im Haus hat man das Problem, dass das Licht nur von der Fensterseite kommt. Ganz gleich, wie intensiv es ist, die Triebe werden dadurch langbeinig und wachsen nur zu einer Seite hin – man nennt das »Vergeilen«. Die Sämlinge schwächeln dann und fallen leicht um. Bei der Aussaat oder Vermehrung von Stecklingen auf der Fensterbank sollte man daher eine niedrige Wand aus Karton oder Spanplatten dahinter aufstellen, die weiß gestrichen oder mit Alufolie bespannt ist, also das Licht reflektiert. Alle paar Tage sollte man die Gefäße drehen.

Künstliches Licht

Wenn Sämlinge bei Ihnen vergeilen oder Sie drinnen im dunklen Winter Gemüse heranziehen möchten, sollten Sie sich Pflanzenlampen anschaffen – sie fördern das Wachstum erheblich. Künstliche Beleuchtung wird immer preiswerter und vielseitiger. Pflanzen reagieren gut auf ein bestimmtes Lichtspektrum: Rot fördert die Blütenbildung, Blau das Blattwachstum. LED-Lichter gibt es in unterschiedlichsten Ausführungen bei Fachanbietern. Sie sind verglichen mit älteren Systemen energiesparend, halten lange und geben wenig Wärme ab. Man kann damit auch in Regalen Minigewächshäuser einrichten (siehe S. 186–187), die ideal für Stadtwohnungen sind.

Solarenergie

Manchmal kann es sich auch lohnen, seine Vermehrungsgerätschaften mit Solarenergie zu unterstützen. Garagen- und Schuppendächer sind brach liegende Nutzflächen und Solarpaneele werden immer kompakter und leistungsstärker. In ihrer einfachsten Form speisen sie Bewässerungs-, Heiz- und Beleuchtungsanlagen. Derzeit gibt es noch nicht allzu viele Optionen, aber die Zahl der Balkonkraftwerke und Campingsysteme nimmt zu.

Oben links: Mit LED-Lampen kann man die Lichtintensität im Winter sehr gut steigern. Oben: Mit einer reflektierenden Fläche im Hintergrund lässt sich ein Vergeilen von Sämlingen gut vermeiden. Links: Kompakte Solaranlagen nutzen Sonnenenergie für die Pflanzenkultur.

Eine Veränderung der Temperaturen im Freiland ist weder machbar noch sinnvoll, drinnen in der Wohnung dagegen profitiert man im Frühjahr durchaus von ein paar zusätzlichen Graden. Allerdings ist nicht jedes System für jede Pflanze gleich gut, treffen Sie deshalb für sich die passende Auswahl. Wer gern Exoten zieht, muss ihnen sogar im Winter ein frostfreies Ambiente bieten.

Temperatur

Anzuchtkästen, Heizsysteme und Heizmatten im Einsatz

Oben: Ein Gewächshaus eignet sich hervorragend für die Vermehrung von Nutzpflanzen. Oben rechts: Temperaturgeregelte Anzuchtkästen sind vielseitig einsetzbar. Ganz rechts: Ein elektrisches Heizgerät für den Winter ermöglicht die Kultur exotischer Nutzpflanzen und die Anzucht im Frühling. Mitte rechts: Mit Heizkabeln für das Erdreich lassen sich größere Flächen erwärmen. Rechts: Heizmatten sorgen für dezente Wärme von unten.

Anzuchtkästen

Ich besitze seit meiner Jugendzeit ein und denselben Anzuchtkasten. Heute, 30 Jahre später, kann ich sagen, dass das beheizbare Modell mit Thermostat eine kluge Investition war. Ich stelle die Temperatur immer passgenau auf die jeweiligen Pflanzen ein, die darin vermehrt werden: 24 °C für Chilis und Tomaten, 18 °C für Kürbisse und Gartenbohnen. Moderne Geräte haben sogar integrierte Pflanzenlampen und Bewässerungssysteme. Unbeheizte Ausführungen sind preiswerter und ideal für den Einsatz im Haus. Sogar für Fensterbänke gibt es speziell geformte Modelle.

Heizmatten

Elektrisch beheizbare Matten sind vielseitige, platzsparende Helfer. Man kann sie unter frostempfindliche Pflanzen legen, um diese durch den Winter zu bringen. Im Gegensatz zu Anzuchtkästen müssen die Töpfe nicht groß umgestellt und hin und her gerückt werden. Deckt man die Pflanzen auch noch ab, bekommen sie ein feuchtwarmes Umfeld geboten. Mit Kartons lässt sich die Wärme regulieren, besser ist aber ein Thermostat.

Heizkabel

Mit ihnen kann man größere Bereiche kostengünstig erwärmen. Es gibt sie in verschiedenen Längen. Ich grabe sie 10 cm tief in Gewächshausrabatten ein, um im Winter ernten zu können – vor allem winterharte Blattsalate –, oder verlege sie schlangenförmig in flache Sandbehälter, die ich für die Anzucht oder zum Überwintern nutze. Wer nicht ständig heizen will, braucht Timer oder Thermostate.

Heizgeräte für den Winter

Ein ganzes Gewächshaus im Winter zu beheizen, ist ein Luxus, doch gibt es preiswertere Alternativen. Wirtschaftlicher ist es, nur einen bestimmten Bereich zu beheizen, etwa eine speziell isolierte Zone. Da warme Luft aufsteigt, muss das Heizgerät tief stehen. Strom ist umweltfreundlicher als Gas- oder Ölgeräte. Timer kosten oft weniger als Thermostate, arbeiten aber nicht so genau.

Wer in seinem Garten über eine gutes Arsenal an Material verfügt, kann immer sofort auf die Kletterbedürfnisse seiner Pflanzen reagieren, aber auch auf Probleme wie lästige Schädlinge und plötzliche Kälteeinbrüche. Viele lassen sich bei guter Pflege jedes Jahr aufs Neue einsetzen. Manches kann man sogar selbst im Garten heranziehen, was den Geldbeutel schont und nachhaltig ist.

Stützen, Begrenzungen, Isolierungen

Selbst angepflanzt und gebaut

Gewachsene Stützen

Sie brauchen Pflanzenstützen? Vielleicht wachsen sie schon längst in Ihrem Garten! Bambus, Hasel, Birke, Hartriegel und Weiden, sie alle kann man verwenden. Ich schneide jedes Jahr Ruten von meinen fünf Haselnusssträuchern und nutze sie als Baumaterial – die dünneren für Dicke-Bohnen-Käfige oder Stangenzelte für kleine Kletterpflanzen, die dickeren für Kletterbohnen, Stabtomaten und Kürbisse. Bäume leisten gute Dienste als Windschutz (siehe S. 122–123). Dickere Äste und Stämme stapelt man als Käferrefugium oder für die Pilzzucht (siehe S. 154–155) in einer schattigen, feuchten Gartenecke.

Pfosten und Drähte

Ein Drahtsystem ermöglicht die Erschließung vertikaler Flächen für den Anbau (siehe S. 74–75). So sind vor Zäunen, Mauern oder zwischen Stützpfosten gespannte Drähte unschätzbare Stützen für Spalierobst, das bei minimalem Platzbedarf maximalen Ertrag liefert. Frei stehende Pflanzen, in einer Reihe gepflanzt, dienen als Begrenzungen, etwa

Spalieräpfel (oben, ganz links) und Stabtomaten (ganz oben rechts) sind für tragfähige Stützen dankbar. Hartriegel (oben), Haselnuss und Birke sind gute Lieferanten von Stützmaterial. Bohnenstangen und Schnüre halten Malabarspinat (ganz links), Helmbohnen (Mitte links) und Dicke Bohnen (unten) aufrecht. Mit Ösen- und Spannschrauben (Mitte) kann man Drähte fest spannen. Ein feines Insektengitter (oben Mitte) hindert die Lauchmotte daran, sich über Porree herzumachen.

Himbeeren oder Kordonäpfel. Stabile Pfosten halten sehr lange.

Schädlingsbekämpfung

Mit Netzen und Gittern wehrt man Schädlinge ohne Pestizide ab. Schaffen Sie sich Material mit drei Maschenweiten an: mit 2 cm zum Schutz von Beerenobst vor Vögeln, mit 5 mm, um Schmetterlinge von Kohlgewächsen fernzuhalten, und mit 0,8 mm gegen Winzlinge wie Lauchmotte, Kohl- und Möhrenfliege. Gitter gegen Vögel und Schmetterlinge halten Jahre. Insektennetze sind sogar schon in biologisch abbaubarer Form auf Stärkebasis erhältlich.

Kälteschutz

Wer nicht ganz winterharte Pflanzen draußen kultiviert, braucht einen Kälteschutz. Granatäpfel, Feijoa und Wollmispeln kann man in gut isolierten Töpfen oder durchlässigen Beeten durch den Winter bringen. Bauen Sie aus Bambusstäben ein Gerüst und spannen Sie Luftpolsterfolie darüber. Obstkäfige lassen sich statt mit Vlies auch mit Sackleinen ausschlagen. Stopft man die Käfige mit Stroh voll, ist das ein zusätzlicher Kälteschutz.

Abdeckungen, ob groß oder klein, schützen Nutzpflanzen und fördern ihr Wachstum. Am häufigsten kommen Gewächshäuser und Folientunnel zum Einsatz. Sie sind vielseitig verwendbar. Kleinere Abdeckungen wie Wuchshauben und Rahmenbeete sind ebenfalls sinnvoll. Sie alle bringen Ihr Obst und Gemüse voran.

Abdeckungen

Gewächshäuser, Wuchshauben, Tunnel und Frühbeete

Gewächshäuser

Ein Gewächshaus ist ideal für die Pflanzenvermehrung im Frühjahr. Glas hat einen hohen Isolierwert, genauso wie doppelwandiges Polycarbonat, und hält lange. Steht es in der vollen Sonne, lässt sich die Anbausaison enorm verlängern – vom Vorfrühling bis in den Herbst. Allerdings ist die Wärmeregulierung im Sommer nicht ganz einfach. Ein Gewächshaus im Halbschatten ist ebenfalls hell und warm, was Gewächsen, die im Frühjahr und Herbst Saison haben, guttut. Im Winter ist es darin zwar kälter, dafür heizt es sich im Sommer weniger stark auf. Ideal sind Lüftungsklappen seitlich und auf dem Dach.

Folientunnel

Folientunnel sind billiger als Gewächshäuser und gut für größere Gärten geeignet. Berücksichtigt werden muss aber, dass Folien nicht so haltbar sind wie Glas und weniger gut isolieren. Bei Folientunneln ist gute Luftzirkulation entscheidend, weshalb Modelle mit großen justierbaren Seitenöffnungen ideal sind. Bei der Standortwahl gelten die gleichen Prinzipien wie bei Gewächshäusern.

Ganz oben: Sind Abdeckhauben für Stellagen und Pflanztische mit Reißverschluss (oben, Mitte) versehen, gelangt man gut zu den Kulturen. Oben rechts: Frühbeete mit Abdeckung eignen sich hervorragend zum Überwintern mediterraner Kräuter. Rechts: Für die Pflanzenvermehrung sind Gewächshäuser unschlagbar. Ganz rechts: Glashauben sind stabil und leisten gute Dienste.

Frühbeete

Frühbeete mit Rahmen aus Metall-/Holz- und Glas-/Polycarbonat-Abdeckung kann man für nicht winterharte Nutzpflanzen zusätzlich mit Styropor auskleiden. Man positioniert sie möglichst in der vollen Sonne. Besonders sinnvoll sind Ausführungen aus stapelbaren Holzrahmen. Mit kleineren Beeten bringt man Kräuter, die winterliche Nässe nicht vertragen, durch die kalte Jahreszeit, z. B. Estragon und die Zitronenverbene. Aber auch Dicke-Bohnen-Setzlinge und Obststeckhölzer überwintern dort gut. Vertikale Minigewächshäuser mit Folienabdeckungen nehmen wenig Platz weg. Als zusätzlichen Frostschutz kann man sie innen mit Isoliermaterial auskleiden.

Wuchs- und Netzhauben

Mit Netzabdeckungen schützen Sie Freilandkulturen vor Schädlingen. Feste Hauben aus Hartplastik oder Glas eignen sich zum Vortreiben früher Kulturen an sonnigen, geschützten Stellen. Winterhartes Blattgemüse wie Spinat und Mangold ist für Folienhauben dankbar. An exponierten Standorten müssen sie aber gut verankert werden.

Durch Kompostieren und Mulchen werden Nährstoffe im Garten recycelt. Wenn man viel schneidet und erntet, kann aber der Einsatz zusätzlicher Nährstoffe sinnvoll sein. Setzen Sie immer nur die exakt auf die Pflanzen zugeschnittenen Präparate in genau bemessener Dosis ein. Manche Dünger kann man sogar selbst erzeugen.

Nährstoffe

Der passende Dünger und sein verantwortungsbewusster Einsatz

Hauptnährstoffe

Die Palette der im Handel beworbenen Produkte, die fantastische Ergebnisse versprechen, ist riesig. Meiner Erfahrung nach braucht man davon nur wenige: Universaldünger, kaliumreichen Tomatendünger, Stickstoffdünger zum Nachdüngen für Starkzehrer und Spezialdünger für Zitruspflanzen oder Moorbeetpflanzen. Beim Umpflanzen oder für Jungpflanzen ist ein Präparat sinnvoll, das eine Mischung aller drei Hauptnährstoffe (Stickstoff, Phosphor und Kalium) enthält. Man kann sie den Pflanzen über Flüssigdünger zuführen, den die Wurzeln rasch aufnehmen können, oder über Langzeitdünger, der meist in Granulatform verfügbar ist und seine Nährstoffe monatelang freigibt.

Fisch-, Blut- und Knochenmehl sind organische Dünger tierischer Herkunft, die langsam alle drei Hauptnährstoffe abgeben, was vor allem mehrjährigen Nutzpflanzen wie Obstgehölzen nutzt. Stickstoffreiche Hornprodukte geben Gemüse langfristig Wuchskraft. Als rasch verfügbare Alternative kommt ein organischer Flüssigdünger infrage. Die Widerstandskraft steigern kieselsäurehaltige Produkte wie Beinwellpellets.

Dosierung und Timing

Zu viel Dünger liefert keine größere Ernte, sondern gelangt ins Grundwasser oder schadet den Pflanzen. Halten Sie sich bei der Dosierung an die Vorgaben und düngen Sie lediglich während des aktiven Wachstums von April bis September. Ganze Beete müssen nur wenn unbedingt nötig gedüngt werden. Langzeitdünger arbeitet man in der Wurzelzone in den Boden ein, Flüssigdünger bringt man mit dem Gießwasser ansatznah aus.

Eigenen Dünger anbauen

Ziehen Sie Beinwell als Rohstoff für ausgewogenen Flüssigdünger. Irgendwann erntet man die Blätter, weicht sie in Wasser ein und gibt die Brühe ins Gießwasser. Die Sorte 'Bocking 14' hat einen hohen Nährstoffgehalt und sät sich kaum selbst aus. Gründünger wie Klee, Senf und Weidelgras wird im Herbst auf nackte Gemüsebeete gesät und danach eingearbeitet.

Oben: Organischer Dünger in Pulver- oder Granulatform gibt seine Nährstoffe langsam frei. Mitte, rechts: Besäen Sie nackte Erde mit Gründüngerpflanzen, die Nährstoffe binden. Unten rechts: Beinwell ist ein nützlicher natürlicher Nährstoffsammler.

Oben links: Flüssigdünger wird von den Wurzeln der Nutzpflanzen im Nu absorbiert. Ganz oben: Um einen guten organischen Flüssigdünger zu bekommen, erntet man im Hochsommer Beinwellblätter. Oben: *Phacelia* leistet als Bienenweide ebenso gute Dienste wie als Gründünger.

Das Recyceln von Grünabfällen ist eine gute Sache. Es reduziert die Müllmenge und die Methanbildung und liefert wertvolles, vor Mikroorganismen strotzendes Material, das Nutzpflanzen guttut. Für jede Gartengröße gibt es das passende System. Komposterde ist Bodenverbesserer, Aktivator für Topferden, Mulch und Flüssigdünger zugleich.

Kompostieren

Für Gärten aller Größen und Formen

Unterschiedliche Systeme

Wer größere Mengen Kompost produzieren möchte, legt sich am besten ein Dreikammernsystem zu. In eine Kammer kommt frisches Material, in der zweiten reift es und die dritte wird genutzt, um den Inhalt der zweiten zu wenden (alle 2–3 Monate) und vollständig verrotten zu lassen. Ein Volumen von 1 m^2 pro Kammer reicht aus, damit genug Wärme für den Zersetzungsprozess entsteht und Unkrautsamen abgetötet werden. Geschlossene, kleinere Einheiten wie Thermo-, Trommel- und Schnellkomposter sind unauffälliger und haben ihre eigenen Vorzüge, doch auch ihr Inhalt muss alle drei Monate gewendet werden. Noch kleiner sind Wurmkomposter, in denen Kompostwürmer die meisten Abfälle umwandeln. Sie eignen sich vor allem für Höfe und Balkongärten. Systeme für drinnen, etwa Bokashi-Eimer, nehmen Küchenabfälle auf.

Was kommt hinein?

Fast alle Gartenabfälle. Häckselt man sie, verrotten sie schneller. Nicht mit hinein sollten Samenstände von Unkräutern, Wurzelteile mehrjähriger Unkräuter und Reste, die mit bodenbürtigen Schädlingen und Krankheitserregern (Kohlfliege, Kohlhernie ...) infiziert sind.

Kompost verarbeiten

Fertiger Kompost wird in den Boden eingearbeitet, um seine Textur zu optimieren. In Tonböden verbessert man damit die Durchlässigkeit, in Sandböden ihre Fähigkeit, Feuchtigkeit zu speichern. Zugleich kann Kompost als Mulch verwendet werden. Gartenkompost enthält oft Holzreste, deshalb sollte frisches Material gehäckselt werden, bevor es in den Komposter wandert. Fertigen Kompost wirft man durch ein Gartensieb bzw. Maschendraht, damit er feiner wird, als Mulch besser aussieht oder als Zusatz zu Topferde verwendet werden kann. Wurmkomposter und Bokashi liefern nährstoffreiches Material, das am besten als Bodenverbesserer verwendet wird, in kleinen Mengen auch für Topferde. Den Wurmtee kann man in einer Verdünnung von 1:10 als Flüssigdünger einsetzen.

Wer seinen Kompost selbst erzeugt, bekommt ein nährstoffreiches Produkt für seinen Garten. Unten links: Ein Dreikammernsystem ist der Kompostluxus schlechthin. Links: Wurmkomposter sind ideal für kleine Gärten. Ganz unten rechts: Schnellkomposter findet man oft in Schrebergärten. Unten: Durch Sieben holt man größere Holzreste aus dem Kompost und macht ihn feinkrümeliger.

Schädlinge und Krankheiten

Schädlinge und Krankheiten

Lernen Sie Ihren Garten kennen und erfahren Sie, mit welchen Lebewesen Sie ihn teilen. Sobald Sie herausgefunden haben, was ihn Jahr für Jahr plagt, können Sie Problemen vorbeugen.

Lauchminierfliege

Bedecken Sie gefährdete Pflanzen (Porree, Schnittlauch, Zwiebeln, Schalotten, Knoblauch) mit feinmaschigem Netz (0,8 mm Maschenweite), das über ein Haltegerüst gelegt wird, um Kontakt mit dem Laub zu vermeiden. Bei einem Befall Zwiebelgewächse ein Jahr lang an einer nicht infizierten anderen Stelle anbauen.

Einjährige Beikräuter

Nackte Erde sollte regelmäßig gehackt werden, damit sich einjährige Beikräuter nicht dort festsetzen können. Auch mit einer ca. 5 cm dicken Schicht aus organischem Mulch schützt man den Boden. Unkraut, das blüht oder Samen ansetzt, muss sofort gejätet werden.

Blattläuse an Gemüse

Suchen Sie Ihr Gemüse ab dem Frühjahr regelmäßig ab. Blattläuse lassen sich zerdrücken oder mit einem kräftigen Wasserstrahl wegspritzen. Wenn Sie das oft genug durchführen, bleibt der Befall auf einem akzeptablen Niveau.

Obstbaumkrebs

Verbessern Sie nasse oder saure Böden vor dem Bepflanzen, indem Sie die Durchlässigkeit verbessern oder sie kalken. Befallene Triebe werden bis auf gesundes Holz zurückgeschnitten. Pflanzen Sie resistente Sorten, bei Äpfeln etwas 'Katja' oder 'Winston'.

Spargelhähnchen

Man sucht nach den Käfern und sammelt sie ab, ebenso ihre Larven (Gelege kann man zerdrücken). Als biologisches

Lauchminierfliege

Blattläuse an Gemüse

Einjährige Beikräuter

Spargelhähnchen

Obstbaumkrebs

Bekämpfungsmittel kann man Nematoden einsetzen.

Bakterienbrand

Schneiden Sie im Juli oder August direkt nach der Ernte befallene Stellen aus Bäumen der Gattung *Prunus* heraus. Jungbäume, die noch nicht tragen, können im Mai und Juni geschnitten werden.

Bohnenrost

Tritt die Krankheit in Ihrer Gegend auf, pflanzen Sie Feuer-, Garten- und Dicke Bohnen an offene, luftige Standorte. Laub wird ausgedünnt, um die Luftfeuchtigkeit zu senken. Nicht von oben wässern, Unrat wegräumen und keine selbst gesammelten Samen verwenden.

Vögel

Schützen Sie Nutzpflanzen, die auf dem Speiseplan von Vögeln stehen (Tauben mögen Kohlgewächse, Amseln und Drosseln Obst), sobald sie zu reifen beginnen. NIEMALS Netze lose über Pflanzen legen – die Tiere verfangen sich darin. Man befestigt die Netze stattdessen fest und sicher an Rahmen, etwa Käfigen.

Kleine Kohlfliege

Man legt »Kragen« (Kartonkreise mit 15 cm Durchmesser) um den Ansatz von Setzlingen oder kultiviert Kohlgewächse unter Insektennetzen. Bei infizierten Böden muss man den Kohl an einer anderen, nicht befallenen Stelle anbauen.

Möhrenfliege

Möhren, Pastinaken, Petersilie und Sellerie werden unter feinmaschigen Insektennetzen gezogen. Bei einem Befall zieht man sie ein Jahr lang in einem anderen Beet. Manche Sorten (etwa ‘Resistafly’ und ‘Maestro’) zeigen eine gewisse Resistenz.

Bakterienbrand

Bohnenrost

Vögel

Kleine Kohlfliege

Möhrenfliege

Kohlhernie

Verbessern Sie die Durchlässigkeit des Bodens und bringen Sie ihn durch Kalken auf einen pH-Wert über 8. Kohlsetzlinge sollten einzeln in 1-Liter-Töpfen wachsen, bis sie ein kräftiges Wurzelwerk haben, und erst dann ins Freiland kommen. Pflanzen Sie widerstandsfähige Sorten (etwa den Blumenkohl 'Clapton' oder die Steckrübe 'Marian').

Apfelwickler

Hängen Sie im Mai Pheromonfallen in Apfel- und Birnbäume, um die männlichen Tiere aus dem Verkehr zu ziehen. Gegen die Raupen kann man im Herbst Nematoden einsetzen. Locken Sie Vögel, Käfer und Igel in Ihren Garten.

Erdraupen

Gefährdete Pflanzen (Blattsalate, Wurzel- und Knollengemüse) sollten mit einem Insektennetz geschützt werden. Durch Umgraben werden die Raupen zur leichten Beute ihrer natürlichen Feinde. Werden die Schäden zu groß, setzt man Nematoden ein.

Wild

Legen Sie Schutzhosen um gefährdete Bäume oder errichten Sie 1,8 m hohe Wildschutzzäune. Vergrämungsmittel halten Wild fern, müssen aber häufig erneuert werden.

Falscher Mehltau

Pflanzen Sie Ihre Kulturen nicht zu dicht, sondern sorgen Sie durch größere Abstände für gute Durchlüftung. Gewässert werden sollte nur morgens, damit überschüssiges Wasser auf dem Laub rasch verdunsten kann. Befallenes Laub muss sofort abgeschnitten werden. Verwenden Sie widerstandsfähige Sorten, etwa den Kopfsalat 'Maikönig'.

Kohlhernie

Apfelwickler

Erdraupe

Wild

Falscher Mehltau

Erdflöhe

Gefährdete Pflanzen (Kohlgewächse) werden unter Insektennetzen gezogen und erst nach draußen gepflanzt, wenn sie bereits größer sind und rascher einen Zustand erreichen, in dem sie nicht mehr so anfällig sind.

Blattläuse an Obst

Behalten Sie die Obstpflanzen im Frühjahr gut im Auge und zerquetschen Sie Kolonien. Auch lohnt es sich, die natürlichen Feinde der Blattläuse anzulocken, die die Schädlinge normalerweise bis zum späten Frühjahr so weit dezimieren, dass sie wenig Schaden anrichten.

Stachelbeerblattwespen

Prüfen Sie die Pflanzen ab April auf Larven und sammeln Sie sie ab. Bei einem Befall helfen auch Nematodenpräparate. Durch Hacken des Bodens unter den Pflanzen stört man die Puppenruhe und legt sie frei, sodass sie zur Beute von Fressfeinden werden.

Hallimasch

Befallene Pflanzen müssen sofort mitsamt den Wurzeln entfernt werden. Durch senkrechte, ca. 50 cm tiefe Barrieren im Boden lässt sich die Ausbreitung eindämmen. Gegebenenfalls müssen die Kulturen in ein anderes Beet verlegt werden. Bauen Sie widerstandsfähige Nutzpflanzen an, etwa Bambus.

Kraut- und Knollenfäule

Anfällige Nutzpflanzen, etwa Tomaten und Kartoffeln, müssen bei feuchtwarmer Witterung kontrolliert werden; befallene Exemplare entfernt man. Kartoffeln gleich ernten. Resistente Sorten sind bei Tomaten etwa 'Crimson Crush', bei Kartoffeln 'Sarpo Mira'.

Erdflöhe

Hallimasch

Blattläuse an Obst

Stachelbeerblattwespe

Kraut- und Knollenfäule

Blattminierer

Gefährdete Pflanzen (Spinat, Mangold, Rote Beten, Stauden- und Knollensellerie, Petersilie) lassen sich unter feinmaschigen Insektennetzen ziehen. Ist der Befall gering, reicht es auch, befallene Blätter einfach mit der Hand abzuzwicken.

Porreerost

Pflanzen Sie nicht zu dicht, damit ein guter Luftaustausch gewährleistet ist. Pflanzen Sie Knoblauch im Herbst, dann ist er reif, bevor er sich die Krankheit einfängt. Hohe Stickstoffgaben sind nicht ratsam. Widerstandsfähige Sorten sind zum Beispiel der Porree 'Axima'.

Mäuse

Stämme von Jungbäumen mit Schutzspiralen schützen, falls man Fraßschäden an der Borke bemerkt (es sollten winzige Nagezahnspuren erkennbar sein). Stellen Sie Sämlinge bis zum Auspflanzen an einen mäusesicheren Ort. Schuppen müssen mäusedicht gemacht werden.

Weißfäule bei Zwiebeln

Ist Ihr Garten damit belastet, sollte man Zwiebelgewächse (Zwiebeln, Schalotten, Porree, Schnittlauch, Knoblauch) vor dem Auspflanzen in 1-Liter-Töpfen kultivieren. Verzehren Sie frisch, statt sie zu lagern (größere Mengen lassen sich gehackt einfrieren).

Erbsenwickler

Säen Sie frühe Bohnen im Frühjahr geschützt aus, um sie auspflanzen und ernten zu können, bevor der Erbsenwickler sich vermehrt. Gerade während der Eiablagezeit im Juni und Juli sollte man die Pflanzen mit Insektennetzen schützen. Säen Sie spätreifende, also im August erntereife, Sorten.

Blattminierer

Weißfäule bei Zwiebeln

Porreerost

Mäuse

Erbsenwickler

Kräuselkrankheit

Pfirsich- und Nektarinenbäume schützt man von Ende Januar bis Ende April vor Regen – bei Spaliergehölzen fällt das wesentlich leichter. Um einen guten Fruchtansatz zu erreichen, müssen die Blüten von Hand bestäubt werden.

Birnengallmücke

Suchen Sie die Bäume ab April nach befallenen unreifen Früchten ab und schneiden Sie sie ab, bevor sie zu Boden fallen, wo sich die Larven verpuppen. Durch Hacken unter den Bäumen kann man die Puppen an die Oberfläche befördern. Dort vertrocknen sie oder werden von natürlichen Feinden gefressen.

Birnengitterrost

Ein gewisser Befall ist nicht weiter schlimm, aber sollte der Rost überhandnehmen, zupft man erkrankte Blätter ab. Der Zwischenwirt des Rosts ist Wacholder. Einen benachbarten Wacholder zu entfernen, garantiert allerdings nicht, dass der Rost nicht mehr auftritt.

Mehrjährige Unkräuter

Bauen Sie in Beeten, in denen sich mehrjährige Unkräuter festgesetzt haben, nur einjähriges Gemüse an, damit man das Beet regelmäßig gründlich jäten und umgraben und so alle Reste entfernen kann. Gefährdete Bereiche lassen sich mit im Boden versenkten Barrieren schützen.

Pflaumenwickler

Hängen Sie im Mai Pheromonfallen in gefährdete Bäume (Pflaumen, Renekloden, Zwetschgen). Im September kann man Larven, die die Früchte verlassen, mit Nematodenpräparaten dezimieren. Locken Sie Vögel, räuberische Käfer und Igel in Ihren Garten.

Kräuselkrankheit

Mehrjährige Unkräuter

Birnengallmücke

Pflaumenwickler

Birnengitterrost

Echter Mehltau

Pflanzen Sie nicht zu dicht, sondern sorgen Sie durch große Abstände für guten Luftaustausch. Dichte Kronen werden ausgelichtet. Trockenheitsstress sollte man vermeiden, aber auch nicht zu viel von oben wässern. Resistente Sorten sind zum Beispiel bei Stachelbeeren 'Invicta' und bei Zucchini 'Defender'.

Hasen und Kaninchen

Jungbäume werden mit Stammhosen oder Wildzäunen geschützt, die 1,2 m hoch sind und 30 cm tief im Boden versenkt werden müssen (der Maschendraht muss im Erdreich nach außen verlaufen, damit die Tiere sich nicht darunter hindurchgraben). Repellents zeigen eine gewisse Wirkung, müssen aber immer wieder angewendet werden.

Himbeerkäfer

Hackt man im Sommer unter befallenen Pflanzen, befördert man die Puppen an die Oberfläche, sodass sie zur Beute von Räubern werden. Hängen Sie Duftfallen auf Kairomonbasis in die Himbeeren. Späte Sorten gefährdeter Pflanzen (Himbeeren, Brombeeren und Hybridbeeren) sind weniger anfällig.

Bodenmüdigkeit

Wechseln Sie das Erdreich im betroffenen Bereich gegen frisches Substrat aus, in dem viele Jahre lang keine Obstbäume wuchsen (z. B. aus dem Gemüsebeet). Beim Einpflanzen anfälliger Pflanzen streut man Mykorrhizapulver mit hinein. Es gibt resistente Unterlagen.

Schnecken

Locken Sie Drosseln, Frösche und Raubkäfer durch geeignete Habitate in Ihren Garten. Mit nächtlichen Absammelaktionen kann man starken Befall dezimieren.

Echter Mehltau

Himbeerkäfer

Hasen und Kaninchen

Bodenmüdigkeit

Schnecken

Kirschessigfliege

Sobald die Früchte ihre endgültige Größe haben, aber noch grün sind, sollte man einzelne Äste oder ganze Bäume in feinstmaschige Insektennetze hüllen (was bei Bäumen, Spalieren und Büschen vor Mauern und Zäunen wesentlich einfacher zu bewerkstelligen ist).

Eichhörnchen

Am wirksamsten schützt man Nutzpflanzen mit einem stabilen Maschendraht vor Eichhörnchen. Formen Sie den Maschendraht zu einem Rahmen und stülpen Sie ihn über die Pflanzen (am besten, wenn die Früchte reifen). Spalierbäume lassen sich einfacher schützen.

Gefurchter Dickmaulrüssler

Behalten Sie gefährdete Pflanzen (dazu gehören viele Obstgehölze, vor allem in Töpfen) gut im Auge und locken Sie natürliche Fressfeinde wie Vögel, Frösche, Nager, Igel und Käfer in Ihren Garten. Infizierte Erde muss entsorgt werden. Im Frühherbst kann ein Nematodenpräparat ausgebracht werden.

Viren

Erkrankte Pflanzen werden sofort entsorgt. Das verwendete Werkzeug muss desinfiziert werden. Bekämpfen Sie auch Sauginsekten, denn viele von ihnen übertragen Viren. Säen Sie virusresistente Sorten und kaufen Sie nur als virenfrei zertifizierte Setzlinge.

Apfelblutlaus

Kleine Kolonien kann man herausschneiden, wenn die Zweige gerade keine Früchte tragen. Von dickeren Ästen und Stämmen entfernt man die Tiere mit grobborstigen Bürsten.

Kirschessigfliege

Viren

Eichhörnchen

Apfelblutlaus

Gefurchter Dickmaulrüssler

Glossar

Abhärten – das allmähliche Akklimatisieren drinnen gezogener Pflanzen an das Leben im Freien

alkalische Böden – Böden mit einem pH-Wert über 7

Ausdünnen – das Herausnehmen eines Teils der Sämlinge einer Aussaat, um das Wachstum der verbliebenen zu verbessern

Bestäubung – die Übertragung von Pollen aus (männlichen) Staubbeuteln auf (weibliche) Narben

biologische Schädlingsbekämpfung – Bekämpfung von Schädlingen durch natürliche Parasiten und Fressfeinde

Blattdünger – ein Dünger, der auf Laub aufgetragen und von ihm aufgenommen wird

Bleichen – das Bedecken einer Pflanze, um ihr Licht vorzuenthalten, was oft dazu führt, dass sie weniger bitter oder sauer schmeckt

Bluten – das Absondern von Pflanzensaft eines Gehölzes aufgrund einer Verletzung

Bodenverbesserer – Material, das dem Boden hinzugefügt wird, um die Durchlüftung, Wasserspeicherfähigkeit und Fruchtbarkeit zu verbessern

Brix-Messung – das Ermitteln des Zuckergehalts in einer Pflanzenflüssigkeit

Carbon Farming – die Bewirtschaftung von Land mit dem Ziel, möglichst viel Kohlenstoff zu binden

Chlorophyll – grüner Farbstoff, der Sonnenenergie absorbiert

Chlorose – Gelbfärbung von Blättern aufgrund eines Chlorophyllmangels

Direktsaat – Aussaat direkt ins Freiland

Dreschen – das Herauslösen von Samenkörnern aus ihrer Hülle

Einjährige – eine Pflanze, die ihren Lebenszyklus binnen eines Jahres abschließt

Einschlagen – das vorübergehende Einpflanzen von Gewächsen, bis sie an ihren endgültigen Standort kommen

F1-Hybride – wüchsige, nicht samenfeste Kreuzung zweier Sorten

Fächer – eine Form der Obstgehölzerziehung, bei der von einem Punkt aus mehrere Äste fächerförmig nach außen gezogen werden

Fotosynthese – ein Stoffwechselvorgang von Pflanzen, bei dem sie mithilfe von Sonnenlicht aus Kohlendioxid und Wasser Zucker bilden

frostempfindlich – Bezeichnung für eine Pflanze, die bei Minusgraden erfriert

Fruchttrieb – ein kurzer Zweig an Gehölzen, der Blütenknospen trägt

Frühbeet – eine große Kiste mit transparentem Deckel, in der Pflanzen im Frühjahr vor der Kälte geschützt wachsen können

Gründünger – wüchsige Laubpflanzen, die in den Boden eingearbeitet werden, um ihn mit Nährstoffen anzureichern und ihn zu lockern

Hydroponik – das Kultivieren von Pflanzen in einer Nährstofflösung

Junifall – das natürliche Abfallen unreifer Früchte von Obstbäumen im Frühsommer

Knospe – ein unreifes Pflanzenorgan, in dem sich ein Blatt, ein Trieb oder eine Blüte im Embryostadium befindet

Kopfdüngung – das Ausbringen von nährstoffhaltigem Material (etwa Dünger in Pulverform) auf die Bodenoberfläche

Kordon – eine Form der Spaliererziehung von Obstgehölzen mit (meist) einem einzigen vertikalen oder diagonalem Haupttrieb

Leguminosen – eine Pflanzenfamilie, zu der unter anderem Erbsen und Bohnen gehören. Auch Hülsenfrüchtler genannt

mehrjährig – eine Pflanze, die mehr als zwei Jahre lebt

Mulch – Material, das auf die Bodenoberfläche aufgetragen wird, um die Verdunstung von Bodenfeuchtigkeit zu verringern und Unkraut zu unterdrücken

neutrale Böden – Böden mit einem pH-Wert von 7

organische Substanz – Mulch, Kompost oder ein anderes Material pflanzlichen oder tierischen Ursprungs

Ösenschraube – eine Schraube mit einem ringförmigen Kopf; wird oft zum Befestigen von Draht an Wänden und Zäunen verwendet

Pflücksalat – Blattsalate, die mehrfach beerntet werden können und neu austreiben

Pheromonfalle – eine Falle, mit der Insekten mithilfe von Pheromonen, also natürlich vorkommenden Sexuallockstoffen, gefangen werden

Pikieren – das Umpflanzen von Sämlingen von dem Ort, an dem der Keimvorgang stattgefunden hat, in Einzeltöpfe oder Beete

Saatrille – eine kleine Furche im Boden, in die Samen gestreut werden

saure Böden – Böden mit einem pH-Wert unter 7

Schossen – das vorzeitige Blühen einer Pflanze

Seitentrieb – ein Trieb, der am Haupttrieb entspringt

Sickerschlauch – ein Schlauch mit Löchern auf der gesamten Länge, durch die langsam Wasser freigegeben wird, damit es im Boden versickern kann

Sorte – die gezüchtete Variante einer Pflanzenart, die sich durch bestimmte Merkmale von anderen Sorten der Art und der Art selbst unterscheidet; auch Cultivar genannt

Spalier – eine Form der Erziehung von Obstgehölzen in einer vertikalen Ebene, ausgehend von einem Stamm

Staude – mehrjährige, krautige Pflanze, deren oberirdischer Wuchs nicht oder kaum verholzt und in gemäßigten Zonen im Winter abstirbt

Umpflanzen – das Versetzen einer Pflanze von einem Standort zum anderen

Unterlage – eine Pflanze, die als Wurzelsystem für eine veredelte Pflanze dient

Varietät – die natürlich vorkommende Variante einer Pflanzenart; gelegentlich auch Wildsorte genannt

Veredelung – das künstliche Kombinieren einer oder mehrerer Pflanzen

Vergeilen – das übermäßige Längenwachstum von Sämlingen, meist durch Lichtmangel bedingt

Vorkeimen (Kartoffeln) – das Auslösen des Keimvorgangs noch vor dem eigentlichen Einpflanzen

vortreiben – Saatgut verfrüht durch Wärme zum Keimen bringen

winterhart – Bezeichnung für eine Pflanze, die den Winter an einem geeigneten Standort im Freien überlebt; eine Pflanze kann in einer Region winterhart, in der anderen aber nicht winterhart sein

Wuchshaube – eine kleine tragbare Abdeckung aus Glas oder anderem durchsichtigem Material, das über Setzlinge gestülpt wird, um sie zu schützen (auch Glasglocke genannt)

Wurzelballen – das gesamte Wurzelsystem einer Pflanze mitsamt dem daran haftenden Erdreich/Substrat

Zweijährige – eine Pflanze mit einem zweijährigen Lebenszyklus

Bezugsquellen

Saatgut

Beetfreunde beetfreunde.de
Baldur baldur-garten.de
Bingenheimer Saatgut bingenheimersaatgut.de
Gärtner Pötschke poetschke.de
kiepenkerl kiepenkerl.de
Magic Garden Seeds magicgardenseeds.de
Samenhaus samenhaus.de
Sperli sperli.de
Samen Maier samen-maier.at
Sämereien saemereien.ch
Lubera lubera.com

Zum Kauf von Saatgut, Zwiebeln, Knollen und Setzlingen

Kaufen Sie nur von renommierten, verlässlichen Anbietern, um ein Einschleppen von Schädlingen und Krankheiten zu vermeiden

Obstgehölze

Bayerisches Obstzentrum shop.obstzentrum.de
Baumschule Horstmann baumschule-horstmann.de
Baumschule Newgarden baumschule-newgarden.de
Garten Schlüter garten-schlueter.de
Pflanzmich pflanzmich.de

Pilzzucht

Edelpilze Shop edelpilze.shop
Hawlik Pilzbrut pilzbrut.de
Pilzmännchen pilzmaennchen.de

Selbstbewässernde Pflanzgefäße

AutoPot www.autopot.co.uk
Fleurdirekt fleurdirect.de
Lechuza lechuza.de

Allgemeine Informationen

Mein schöner Garten mein-schoener-garten.de
kraut & rüben www.krautundrueben.de

Sehenswerte Nutz- bzw. Küchengärten

Arche Noah arche-noah.at
Park der Gärten park-der-gaerten.de
Schloss Ippenburg ippenburg.de
RHS Garden Wisley's World Food Garden www.rhs.org.uk/gardens/wisley/garden-highlights/the-world-food-garden
Weihenstephaner Kleingarten lwg.bayern.de/gaerten/171117/index.php

Register

Seitenverweise zu Haupteinträgen sind **fett** gedruckt.

Über die Autorin

Lucy Chamberlain ist die Tochter eines Kleinbauern mit fünf Hektar Land, der 30 Jahre lang Obst und Gemüse auf Londoner Märkten verkaufte. Ihr Vater entfachte in ihr die Begeisterung für den Gartenbau und die Nutzpflanzenkultur. Nach einem Studium der Gartenbauwissenschaften arbeitete sie zunächst als Beraterin für die Royal Horticultural Society (RHS), dann als Redakteurin für das Gartenmagazin *Grow Your Own*. Schließlich wurde sie zur Chefgärtnerin eines 35-Hektar-Anwesens mit ummauertem Küchengarten in der Grafschaft Essex ernannt. Sie ist Autorin des Bestsellers *Kleiner Garten – Große Ernte: Selbstversorgung Schritt für Schritt* mit einer Auflage von über 100 000 Exemplaren. Inzwischen arbeitet sie als freiberufliche Autorin, Gärtnerin, Podcasterin und Radiomoderatorin und bewirtschaftet einen 12 × 12 m großen, modernen Küchengarten, in dem sie mehr als 150 Obst-, Gemüse- und Kräuterarten sowie -sorten anbaut.

Dank & Bildnachweis

Dank der Autorin

Ich danke dem gesamten Team von Dorling Kindersley, der Royal Horticultural Society, insbesondere Chris Young, Ruth O'Rourke, Helen Griffin, Barbara Zuniga, Christine Keilty, Dominique Page, Alice McKeever, Sophie Blackman, Good Wives and Warriors und Andrew Torrens, weil sie an mein Projekt geglaubt und mir geholfen haben, es umzusetzen.

Ferner danke ich Neil Hepworth für seine großartigen Fotografien, Maz, weil er mir seine Drohne geliehen hat, und den Gartenbesitzer*innen Simon, Chris, Mike und Maureen sowie Tony für ihre freundliche Genehmigung zur Verwendung von Bildmaterial.

Ein weiterer Dank geht an Jurassic Plants, den Agroforestry Research Trust, Chiltern Seeds, Real Seeds, Mr Fothergill's, AutoPot und Caley Bros, die Requisiten, Samen und Pflanzen für die Fotoshootings zur Verfügung gestellt haben.

Danke, Guy Barter und Matt Oliver, für euren Rat zu Böden und Fuchsien.

Zu Dank bin ich außerdem der RHS Hyde Hall (allen voran Robert Brett und Tom Freeman) für die Gartenfotografien verpflichtet.

Ich danke Ian, der mir geholfen hat, den Garten für die Fotoshootings herzurichten.

Ein Dankeschön verdient auch meine Familie dafür, dass sie im Lauf der Jahre etliche Nutzpflanzen im Namen der Wissenschaft verspeist hat.

Dank des Verlags

Der Verlag dankt Nicola Hodgson und Alastair Laing für die redaktionelle Unterstützung.

Bildnachweis

Der Verlag dankt folgenden Personen, Organisationen und Institutionen für ihre freundliche Genehmigung zum Abdruck der Fotografien:

(Abkürzungen: o = oben, u = unten, m = Mitte, l = links, r = rechts, g = ganz)

24 Getty Images / iStock: Koldunov (u). **138 Getty Images / iStock:** Koldunov (mr); **Dreamstime.com:** EMFA16 (m). **140 Dreamstime.com:** Volodymyr Pishchanyi (mo). **146 Getty Images / iStock:** Koldunov. **154 Dreamstime.com:** Ludovikus (gor). **206 Dreamstime.com:** Maumyhata (ul); Tom Meaker (ur). **207 Dreamstime.com:** Tomasz Klejdysz (mr); Paul Maguire (mu). **208 Dreamstime.com:** Andrei Shupilo (um); Abdelmoumen Taoutaou (mr). **211 GAP Photos:** Claire Higgins (m). **212 Dreamstime.com:** Tomasz Klejdysz (gor). **GAP Photos**: Andrea Jones (mr). **213 Dreamstime.com:** Brett Hondow (mr); Tomasz Klejdysz (gom); Kewuwu (ur). **GAP Photos:** Dave Bevan (gor). **Dorling Kindersley:** Robert Dutton (m).

DK Penguin Random House

DK London

Lektorat
Katie Cowan, Ruth O'Rourke, Sophie Blackman, Alice McKeever, Dominique Page
Gestaltung und Bildredaktion
Maxine Pedliham, Barbara Zuniga, Christine Keilty
Fachberatung
Chris Young
Umschlaggestaltung
Good Wives and Warriors (Illustrationen)
Herstellung
David Almond, Samantha Cross, Heather Blagden
Illustrationen
Andrew Torrens
Fotos
Neil Hepworth

ROYAL HORTICULTURAL SOCIETY
Beratung Simon Maughan
Lektorat Helen Griffin, Tom Howard

Für die deutsche Ausgabe:
Projektbetreuung Manuela Stern
Herstellungskoordination Arnika Marx
Herstellung Sophie Schiela

Titel der englischen Originalausgabe:
Grow Food Anywhere

Übersetzung Reinhard Ferstl
Lektorat Corina Steffl

ISBN 978-3-8310-5198-4
5902-339188-24150-01

Druck und Bindung Leo Paper Products, China

FSC www.fsc.org MIX Papier | Fördert gute Waldnutzung FSC® C018179

www.dk-verlag.de

Die Royal Horticultural Society ist der führende britische Verein für Gartenbau. Sein Ziel ist die Förderung des Gartenbaus und Gärtnerns allgemein. Zu seiner gemeinnützigen Arbeit gehört die Bereitstellung von fachlich fundiertem Rat und Informationen in gedruckter Form, online und bei den fünf großen, teils jährlich stattfindenden Gartenschauen, aber auch die Ausbildung von professionellen Gärtnern sowie die Weiterbildung von Gartenfreunden jeden Alters. Die RHS bietet Kindern die Gelegenheit, selbst Pflanzen zu ziehen, und stellt der Öffentlichkeit neueste Forschungserkenntnisse über Pflanzen, Tiere, persönliches Wohlbefinden und Umweltaspekte zur Verfügung.
Mehr unter: www.rhs.org.uk.